微分方程数学模型及其数值方法

沈守枫　孟　莉　宋军全　周　凯　编著

ZHEJIANG UNIVERSITY PRESS
浙江大学出版社
·杭州·

图书在版编目（CIP）数据

微分方程数学模型及其数值方法 / 沈守枫等编著.
杭州：浙江大学出版社，2025.1. -- ISBN 978-7-308
-25136-5

Ⅰ. O175

中国国家版本馆 CIP 数据核字第 2024BW4183 号

微分方程数学模型及其数值方法

沈守枫　孟　莉　宋军全　周　凯　编著

责任编辑	王　波
责任校对	吴昌雷
封面设计	雷建军
出版发行	浙江大学出版社
	（杭州市天目山路 148 号　邮政编码 310007）
	（网址：http://www.zjupress.com）
排　　版	杭州晨特广告有限公司
印　　刷	杭州捷派印务有限公司
开　　本	710mm×1000mm　1/16
印　　张	12
字　　数	178 千
版 印 次	2025 年 1 月第 1 版　2025 年 1 月第 1 次印刷
书　　号	ISBN 978-7-308-25136-5
定　　价	48.00 元

前　言

微分方程数学模型在科学与工程领域中扮演着重要的角色,其发展和应用具有深远的意义。如在科学研究领域,微分方程数学模型被广泛应用于物理学、生物学、化学、地球科学等各个学科,帮助科研人员理解自然现象、探索基本规律,并进行理论推导和模拟实验;在工程技术应用领域,微分方程数学模型可以帮助工程师设计系统、预测性能、优化工艺,并解决实际工程问题;微分方程数学模型在生物医学领域中的应用涵盖了多个方面,包括生物动力学、流行病学、神经科学等,有助于研究疾病传播机制、药物作用机理、人体生理过程等问题;在环境保护与气候变化领域,微分方程数学模型被用于研究环境污染、气候变化、生态系统动态等问题,有助于评估环境影响、制定环保政策,并预测未来变化趋势。微分方程数学模型的发展现状和意义体现在其广泛的应用领域、对科学技术发展的推动作用,以及对数学理论的贡献和推动。

目前,微分方程课程改革已经成为高校培养高层次应用型人才的一个重要方面。本书将从微分方程数学模型的基础出发,分两个篇章介绍常微分方程和偏微分方程数学模型及其数值解。通过具体的实际问题和数学建模方法,培养学生的数学建模能力,帮助他们理解如何将现实问题抽象为数学模型,并应用微分方程方法进行求解和分析。将数学理论与实际应用结合起来,通过具体的案例和实例,让学生深入理解微分方程在科学、工程、生物医学等领域的应用,培养学生的数学建模思维,增强他们对数学的实际应用能力。本书引入了部分大学生数学建模赛题作为例题和课后习题,鼓励大学生参加各类大学生数学建模竞赛,学以致用。此外,本书通过 Python

软件讲授求解微分方程的解析解和数值解的方法,培养学生解决实际问题的能力,让他们学会应用微分方程理论解决工程、科学领域中的实际问题,提高他们的综合素质。

本书的出版得到了浙江工业大学研究生教材建设项目(项目编号2024JC204)、浙江省"十四五"教学改革项目:新工科背景下,依托理科竞赛的创新创业人才培育模式与实践(项目编号JG20220094)的资助。本书的编写得到了浙江工业大学数学科学学院的大力支持。由于我们的知识有限,书中可能存在疏漏和错误,我们真诚地希望专家与读者能够提出批评和指正。您的反馈对于帮助我们改进和完善书籍内容至关重要,我们将非常感激并虚心接受。

作者

浙江工业大学数学科学学院

2025 年 1 月

目　录

第一篇　常微分方程数学模型及其数值解

第二篇　偏微分方程数学模型及其数值解

第 1 章　　数学建模概述

1.1　数学建模简介

　　数学是对现实世界中数量关系和空间形态进行深入探究的一门科学。在过去的半个世纪中,随着计算机技术的飞速进步,数学在工程技术、自然科学等领域扮演着越来越重要的角色,并以前所未有的广度和深度渗透到经济、金融、生物、医学、环境、地质、人口和交通等多个领域,为社会各个领域提供了强有力的理论基础和方法支撑。数学作为一门基础学科也逐渐渗透到各个相关学科之中,如人工智能、信息检索、模式识别、自动控制等,从而产生了很多新的交叉学科 —— 数学分支学科或数学应用学科。当前,越来越多的高校开始开设新兴的本科专业,如大数据科学与技术、智能机器人等,这些专业均源于数学在跨学科应用中的探索。

　　数学的应用性很强,它既可以用来处理现实世界中复杂多样的信息,也可以用来分析人类社会生活中的各种现象及规律。建立研究对象的数学模型并运用计算机方法进行计算求解,是解决科技和生产领域实际问题的首要且关键的步骤。数学建模和计算机技术之间有着天然的联系,它们相互渗透、相互促进、共同发展,为我们的生产生活注入了强大的动力和活力,让我们的科技发展之路更加畅通无阻。

　　数学模型是实际问题在数学上的表达。所谓数学模型,就是为了达到一定目标而对部分现实世界进行抽象、简化所得出的数学结构。数学模型较精确的定义可以表述为:数学模型是对一个特定对象、朝着一个特定目标、依据独特内在规律做出某些必要的简化假设、利用恰当数学工具而获得的数学结构。实质上,数学建模是数学的一种思考方法。它是一种利用数学语言与方法近似刻画和解决现实问题的强有力的数学手段。简单地说,数学建模是指运用数学语言对实际现象进行描述。这里所说的描述,不仅包括对外在形态、内在机制方面的阐述,而且还包括对实际现象的预测、检验与说明。现实现象既包含具体的自然现象(比如自由落体现象),也包含抽象的现象(例如,顾客对于某一商品所持有的价值倾向)。

我们还可以直观地认识到:数学建模是把纯粹数学家(指对数学有研究但没有应用数学解决实际问题的数学家)变成物理学家、生物学家、经济学家甚至心理学家的过程。数学模型通常是以抽象的方式接近于实际事物,但它和真实事物有着本质的不同。描述实际现象可以有多种方式,如录音、录像、比喻等。为使描述更具科学性、逻辑性、客观性、可重复性,需要采用人们公认的严密的语言来进行,数学语言就是这种语言。以数学语言描述事物就是数学建模。数学模型类型众多,包括优化数学模型、数据挖掘数学模型、微分方程数学模型、随机数学模型、评价数学模型等。其中,微分方程数学模型由于其独有的特点,被广泛地应用于刻画事物连续性的变化规律。微分方程数学模型还可以按方程的性质分为常微分方程和偏微分方程两类数学模型。目前,微分方程数学模型已被广泛应用于现代科学的许多领域,充分显示出研究这种数学模型具有重要意义。

1.2 建立数学模型的一般步骤

在解决各种实际问题时,建立数学模型是一项至关重要的任务,也是一项极具挑战性的任务。构建数学模型是将复杂的实际问题转化为合理的数学结构的过程,通过简化和抽象的方式,使其更加系统化和科学化。在这个过程中,必须掌握一定的技巧,即要根据所给条件选择恰当的数学方法,并运用正确的思维方式进行思考。通过对实际对象的固有特征和内在规律进行调查和收集数据资料,捕捉问题的主要矛盾,建立反映实际问题的数量关系,并运用数学理论和方法进行分析和解决。数学建模就是根据具体实例来构建一个或多个数学概念,并将其具体化为一系列数学表达式或者公式等形式,从而使人们能更好地认识事物的本质和变化规律的一种思维方式和活动形式。为了完成上述过程,需要具备深厚且扎实的数学基础、敏锐的洞察力和想象力,对实际问题表现出浓厚的兴趣,并且拥有广博的知识面。

对于初学者而言,掌握建立数学模型的一般步骤是至关重要的,因为数学模型的种类繁多,需要深入理解和掌握。因此在高等数学教育中,必须重视数学建模思想的培养。考虑到现实生活和工作中的各种具体问题的复杂性,单一的数学模型往往无法解决,必须根据研究对象的具体特征来选择最适合的数学工具。因此,在教学过程中,教师要注重引导学生通过多种途径和方式来构建自己的数学模型。数学模型的构建方法可以归纳为以下几种。

• 机理分析方法:通过对实际客观事实进行推理和分析,运用已知资料测定模型中的未知参数或直接使用已知资料进行计算,最终得出结论。

• 构造分析方法:建立一个合理的数学模型结构,并利用已知信息确定模型的未知参数或者对模型进行模拟计算。

• 直观分析方法:通过对直观图形以及数据可视化结果进行分析,对参数进行估计、计算,并对结果进行模拟。

• 数值分析方法:对已知数据进行拟合,可以选用的方法包括插值方法、差分方法、样条函数方法以及回归分析方法等。

其中,机理分析法是建立微分方程数学模型的主要手段。机理分析法能从现实对象的特点出发,通过分析它们之间的因果关系,发现其内在机理。利用这种方法所建立起来的数学模型通常具有确定的物理或实际意义,而模型中各"量"间的相互关系则可通过函数、方程(或不等式),甚至一张图等数学工具得到清晰表达。用机理分析法构建数学模型并不存在一个固定的规律,往往和实际问题的本质、建模目的等因素有关。以本书介绍的微分方程数学模型为例,具体可以通过以下三种方法建立数学模型。

首先,根据事物的法则直接列出方程。很多自然现象的规律已为大家所熟知,都是可以用微分方程直接描述的。例如,牛顿第二定律、放射性物质的放射规律。所以,我们常常用这些定律来列举一些实际问题的微分方程。其次,微元分析法可用于在各个区域上进行积分计算。它是在一定条件下对现象和过程进行定量分析的一种科学方法。在自然界中的许多现象，它们的规律可以通过微元之间的关系式进行表达，这些关系式可以被用来描述变量之间的相互作用。在研究过程中，如果要对某一事物做出某种结论，就必须将其转化为一个具体的数学表达式才能得出相应的结果。对于此类问题，我们常常需要运用微元分析法，利用已知规律建立自变量和未知函数之间的微元关系式，而不是简单地列举它们之间的关系。这样做是为了将这些关系用数学语言表达出来并使之具有明确的物理意义，以便于求解。接着，运用极限法获得微分方程，或者以等效的方式在任意区域上进行积分，从而建立微分方程。最后，模拟近似法。在生物、经济和其他学科领域里，很多现象都符合不明确而又颇为复杂的法则。因而，需要根据实际资料或大量的实验数据提出各种假设。然后，给出某些假设情况下实际现象符合的法则。最后，运用合适的数学方法列微分方程。这种方法也可视为数值拟合。

事实上，微分方程建模时也常将以上方法结合起来。无论采用何种方法，一般都应结合实际情况做一些假定和简化，将模型理论或者计算结果与实际情况对照验证，以便对模型进行修正，使其更加精确地刻画实际问题，进而实现预测预报。

当然，数学建模过程也有一些共性，一般大致可以分为以下几个步骤（图 1-1）。

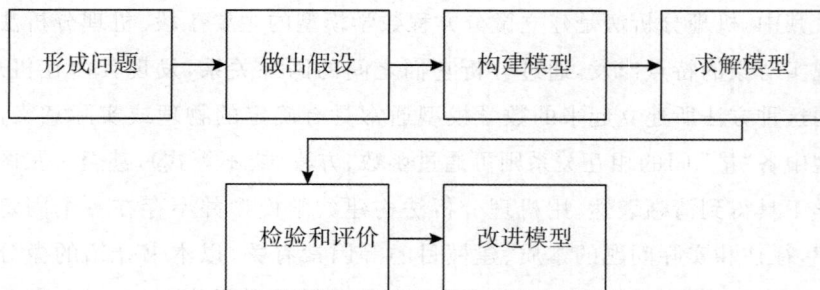

图 1-1 建立数学模型的一般步骤

（1）形成具体且详细的数学问题

数学建模所涉及的问题，常常源自各个领域中的实际难题。在实际工作中人们经常会遇到一些具体的问题，比如生产计划、经济管理等。许多实际难题往往缺乏明确的定义,或者可能存在模糊不清的情况。如果直接套用已有的数学模型来求解就很难奏效。因此,在构建现实问题的数学模型时,必须对所要解决的难题进行明确而精准的描述。这就需要我们首先弄清问题的背景和对象,然后根据所研究问题的特点确定相应的方法和步骤。只有在明确问题的背景、厘清对象的特征、掌握相关的数据以及确切了解建立模型的目的之后,我们才能形成一个相对清晰的"问题"。

(2) 做出简化假设并进行合理性分析

为了符合对象的特征和达到建模的目的,我们需要对原问题做出必要的、合理的假设,并对其进行简化处理。这是解决实际问题的关键。鉴于现实问题的错综复杂,我们必须紧紧抓住那些具有支配作用的本质因素,而对于那些次要的因素则应予以忽视,这样才能建立一个完整而又符合实际情况的数学模型。如果我们不对现实问题进行假设和简化,那么它们就很难被转化为可解决的数学问题。因此在建立模型之前,要先对事物做适当的假设,以使数学模型尽可能接近实际情况,便于解决实际问题。在数学建模的过程中,这一步骤是至关重要的,它直接关系到模型的准确性和可靠性。因此,在数学建模中,对已知条件进行充分、细致、恰当的假定是十分必要的。合理的假设不仅能够简化原问题,同时也能够对模型的求解方式和适用范围施加限制。如果假设错误就可能造成运算失误或导致新问题无法解决。此外,衡量模型优劣的重要标准之一是其假设的合理性,这一点不容忽视。因此,如何恰当地选择假设是一个值得探讨的话题。建立在不合理的假设基础之上的数学模型,常常难以经受实践的考验。

(3) 构建合适的数学模型

通过简化假设,对研究对象之间的因果关系进行分析,并运用恰当的数学语言描述对象的内在规律,构建现实问题中各变量之间的数学结构,从而获得相应的数学模型。值得强调的是,数学模型的建立必须遵循最基本的原则,即尽可能地简化模型的结构。数学模型在解决实际问题时,不应简单地追求复杂度,而应注重适宜性和适用性。以本书所阐述的微分方程数学模型为例,其可用于描述传染病的传播规律、人体内药物浓度的变化规律、生物种群数量的变化规律、热量的传递过程以及污染物的传播过程,等等。

（4）求解建立的数学模型

所建立的数学模型需要结合数学理论或者数值计算方法开展模型求解工作，将得到的结果"翻译"回到现实问题，并得到相应的结论。数学模型若能获得解的解析表达式固然好，但现实的多数场合仍需依靠计算机程序进行数值求解。以本书所介绍的微分方程数学模型为例，我们将结合 Python 软件介绍求解微分方程模型解析表达式的方法，也会介绍求解微分方程模型数值解的方法。

（5）结果检验和模型评价

为了确保数学模型能够准确地反映现实问题，必须对其进行多种检验方式的综合评价。我们需要验证建模逻辑是否存在自相矛盾之处，对数学结构的正确性进行检验；验证所构建的数学模型是否适用于解决问题，该模型是否易于求解并且是否存在多解或无解的情况；检验数学模型应用条件的充分性与必要性等；验证模型解决方案的可行性，包括迭代方法的收敛性和算法的复杂性等。因此，在研究数学模型时，首先要考虑到以上这些方面，然后才是具体如何进行处理。数学模型应当以现实为基础，但又不能简单地将其与现实联系起来；简化模型是必要的，然而过度简化则会使其结果脱离实际，无法解决实际问题。如果模型存在缺陷或不合理之处，就会导致对模型产生错误判断，甚至得出错误结论。因此，检验模型的合理性和适用性对于数学建模的成败是非常重要的。评价一个数学模型优劣的最根本标准是看它能否准确地解决现实问题。

（6）改进模型

经过不断的检验和修正，我们建立的模型逐渐趋于完善，其性能和可靠性不断得到提升。在进行建模时，必须严格遵循一系列重要的规则和准则。一旦在检验过程中发现问题，建模者必须对建模时的假设和简化的合理性进行重新审视，以确保对研究对象内在量之间的相互关系和所服从的客观规律的准确描述，并及时对发现的问题进行相应的修正。接着，反复进行数学模型修正、数学模型求解和模型结果检验，直至达到一定程度的令人满意的模型。

1.3　微分方程的基本知识

微分方程模型作为研究函数变化规律强有力的工具，在实际中具有广泛的用途。对研究对象建立微分方程模型，是求解问题的首要环节。微分方程可按自变量个数进行分类。例如，可分为仅有 1 个自变量的常微分方程（ordinary differential equation，ODE）及含有 2 个或 2 个以上独立变量的偏微分方程（partial differential equation，PDE）。微分方程还可按导数的阶数进行划分。例如，可分为一阶微分方程、二阶微分方程和高阶微分方程。微分方程的阶数是由方程最高次导数阶数所决定。其中最简单的一阶常微分方程组模型可表达成下列形式：

$$\begin{cases} \dfrac{\mathrm{d}x}{\mathrm{d}t} = f(t,x) \\ x(t_0) = x_0 \end{cases}$$

其中，$f(t,x)$ 表示变量 t 和 x 的已知函数，$x(t_0) = x_0$ 为初始条件或者称为定解条件。

一阶常微分方程组模型可以表示为如下形式：

$$\begin{cases} \dfrac{\mathrm{d}x_i}{\mathrm{d}t} = f_i(t,x_1,x_2,\cdots,x_n) \\ x_i(t_0) = x_i^{(0)}, i = 1,2,\cdots,n \end{cases}$$

引入如下向量方式刻画所建立的常微分方程组数学模型：

$$\begin{cases} \boldsymbol{x} = (x_1,x_2,\cdots,x_n)^{\mathrm{T}} \\ \boldsymbol{x}_0 = (x_1^{(0)},x_2^{(0)},\cdots,x_n^{(0)})^{\mathrm{T}} \\ \boldsymbol{f} = (f_1,f_2,\cdots,f_n)^{\mathrm{T}} \\ \dfrac{\mathrm{d}\boldsymbol{x}}{\mathrm{d}t} = \left(\dfrac{\mathrm{d}x_1}{\mathrm{d}t},\dfrac{\mathrm{d}x_2}{\mathrm{d}t},\cdots,\dfrac{\mathrm{d}x_n}{\mathrm{d}t} \right)^{\mathrm{T}} \end{cases}$$

则一阶常微分方程组模型可以写成如下简单形式：

$$\begin{cases} \dfrac{\mathrm{d}\boldsymbol{x}}{\mathrm{d}t} = \boldsymbol{f}(t,x) \\ \boldsymbol{x}(t_0) = \boldsymbol{x}_0 \end{cases}$$

对于任一高阶的微分方程 $\dfrac{\mathrm{d}^n x}{\mathrm{d}t^n} = f\left(t; x, \dfrac{\mathrm{d}x}{\mathrm{d}t}, \cdots, \dfrac{\mathrm{d}^{n-1}x}{\mathrm{d}t^{n-1}}\right)$，如果记 $\dfrac{\mathrm{d}^i x}{\mathrm{d}t^i} = y_i\,(i = 1, 2, \cdots, n)$，则方程为 $\dfrac{\mathrm{d}y_{n-1}}{\mathrm{d}t} = f(t; y_0, y_1, y_2, \cdots, y_{n-1})$，即化为最简单的一阶常微分方程形式。

应用微分方程模型刻画物质系统运动规律是一个现实问题。在利用微分方程模型对物理过程进行研究时，人们只考虑到了影响这一过程的关键因素而忽视了某些次要因素。这些次要的因素叫作干扰因素。在数学上，短期干扰因素会导致初值条件发生变化；长期干扰因素会导致微分方程发生变化。干扰因素客观地存在于现实问题之中。在对干扰因素影响大小的研究中所需要的是对初值条件或微分方程微小改变是否也仅仅导致相应解微小改变的问题进行研究。这就涉及微分方程稳定性的问题。

如果 $f(t, x)$ 在某个有限的区域 $G \subset \mathbf{R}^{n+1}$ 内连续，且对 x 满足利普希茨条件，$x = \psi(t)\,(a \leqslant t \leqslant b)$ 是上述微分方程组的一个特解，则当 x_0 充分接近于 $\psi(t_0)\,(a \leqslant t_0 \leqslant b)$ 时，微分方程组在 $a \leqslant t \leqslant b$ 上满足初值条件 $x_0 = x(t_0)$ 的解 $x = \varphi(t, t_0, x_0)$ 有以下性质：

$$\lim_{x_0 \to \psi(t_0)} \varphi(t, t_0, x_0) = \psi(t)\,(a \leqslant t \leqslant b)$$

即对任意给定的 $\varepsilon > 0$，总存在相应的 $\delta(\varepsilon) > 0$，当 $|x_0 - \psi(t_0)| < \delta(\varepsilon)$ 时，对一切 $a \leqslant t \leqslant b$，有

$$|\varphi(t, t_0, x_0) - \psi(t)| < \varepsilon$$

此时，称上述微分方程组的解 $x = \psi(t)$ 在有限区间 $a \leqslant t \leqslant b$ 是稳定的。

如果 $x = \psi(t)\,(t \geqslant t_0)$ 是上述微分方程组的一个特解，$x = \varphi(t, t_0, x_0)$ $(t \geqslant t_0)$ 是微分方程组满足初值条件 $x_0 = x(t_0)$ 的解，对任意给定的 $\varepsilon > 0$，总存在相应的 $\delta(\varepsilon) > 0$，当 $|x_0 - \psi(t_0)| < \delta(\varepsilon)$ 时，对一切 $t \geqslant t_0$，有

$$|\varphi(t, t_0, x_0) - \psi(t)| < \varepsilon$$

此时，称上述微分方程组的解 $x = \psi(t)$ 在无限区间 $t \geqslant t_0$ 是稳定的。

如果上述方程组的解 $x = \psi(t)$ 在无限区间 $t \geqslant t_0$ 上是稳定的，且存在 $\delta_0 > 0$，当 $|x_0 - \psi(t_0)| < \delta_0$ 时，有

$$\lim_{t \to \infty}(\varphi(t, t_0, x_0) - \psi(t)) = 0$$

则称 $x = \psi(t)$ 是渐近稳定的，或者具有局部渐近稳定性。

如果上述 $\delta_0=+\infty$，则相应的渐近稳定性称为全局渐近稳定性，或者大范围渐近稳定性。

考虑如下方程组 $\dfrac{\mathrm{d}x}{\mathrm{d}t}=f(t,x)+R(t,x)$，$R(t,x)$ 为扰动函数。如果对任意给定的 $\varepsilon>0$，总存在相应的 $\delta(\varepsilon)>0$ 和 $\eta(\varepsilon)>0$，使得当 $|x_0-\psi(t_0)|<\delta(\varepsilon)$ 时有下列关系式：

$$|R(t,x)|<\eta(\varepsilon)$$

则称方程组有满足初值条件 $x_0=x(t_0)$ 的解 $x=\varphi(t,t_0,x_0)(t\geqslant t_0)$，且当 $t\geqslant t_0$ 时有

$$|\varphi(t,t_0,x_0)-\psi(t)|<\varepsilon$$

则称微分方程组的特解 $x=\psi(t)$ 在经常扰动下是稳定的。

实际中，研究上述微分方程组的特解 $x=\psi(t)$ 的稳定性问题可以转化为研究方程的零解的稳定性问题。

对于微分方程组的任一特解 $x=\psi(t)$，只需令 $y=x-\psi(t)$，则

$$\frac{\mathrm{d}y}{\mathrm{d}t}=\frac{\mathrm{d}x}{\mathrm{d}t}-\frac{\mathrm{d}\psi(t)}{\mathrm{d}t}=f(t,x)-f(t,\psi(t))=f(t,y+\psi(t))-f(t,\psi(t))$$
$$=g(t,y)$$

显然，$g(t,0)\equiv0$。上述微分方程组可以转化为如下形式：

$$\frac{\mathrm{d}y}{\mathrm{d}t}=g(t,y)$$

微分方程组的解 $x=\psi(t)$ 对应于上述微分方程组为 $y=0$。因此，要研究微分方程组的解 $x=\psi(t)$ 的稳定性问题可以转化为研究 $y=0$ 的稳定性问题。

如果微分方程组的所有解都能被求出来，一个特解的稳定性问题并不难解决。然而，在大部分问题中这点很难办到。因此，研究一般性的稳定性问题是非常复杂的，往往需要针对具体问题进行具体分析。

如果存在某个常量 $x_0\in\mathbf{R}^n$，使得 $f(t,x_0)=0$，则称 x_0 是常微分方程组的平衡点。如果对于所有可能的初值条件，常微分方程组的解 $x=\psi(t)$ 都满足 $\lim\limits_{t\to\infty}\psi(t)=x_0$，则称平衡点 x_0 是稳定的或者渐进稳定的，否则是不稳定的。

设有常微分方程 $\dfrac{\mathrm{d}x}{\mathrm{d}t}=f(x)$，相应的平衡点为代数方程 $f(x)=0$ 的实

根 $x = x_0$，其稳定性可以用以下方式判断。首先，将函数 $f(x)$ 在 x_0 作一阶泰勒展开，即方程可以近似地表示为如下形式：

$$\frac{\mathrm{d}x}{\mathrm{d}t} = f'(x_0)(x - x_0)$$

显然，x_0 也是方程的一个平衡点，其稳定性主要取决于 $f'(x_0)$ 的符号。如果 $f'(x_0) < 0$，则平衡点 x_0 是稳定的；如果 $f'(x_0) > 0$，则平衡点 x_0 是不稳定的。

设平面常微分方程组的一般形式如下：

$$\begin{cases} \dfrac{\mathrm{d}x_1}{\mathrm{d}t} = f(x_1, x_2) \\ \dfrac{\mathrm{d}x_2}{\mathrm{d}t} = g(x_1, x_2) \end{cases}$$

则代数方程组如下：

$$\begin{cases} f(x_1, x_2) = 0 \\ g(x_1, x_2) = 0 \end{cases}$$

代数方程组的实根 $x_1 = x_1^*$，$x_2 = x_2^*$ 为平面方程组的平衡点，记为 $P(x_1^*, x_2^*)$。如果对于所有可能的初值条件方程的解 $x_1(t)$ 及 $x_2(t)$ 都满足

$$\begin{cases} \lim\limits_{t \to \infty} x_1(t) = x_1^* \\ \lim\limits_{t \to \infty} x_2(t) = x_2^* \end{cases}$$

则称点 $P(x_1^*, x_2^*)$ 是稳定的，否则称点 $P(x_1^*, x_2^*)$ 是不稳定的。

将常微分方程组的右边函数进行一阶泰勒展开，即可表示为近似的线性方程组：

$$\begin{cases} \dfrac{\mathrm{d}x_1}{\mathrm{d}t} = f_{x1}(x_1^0, x_2^0)(x_1 - x_1^0) + f_{x2}(x_1^0, x_2^0)(x_2 - x_2^0) \\ \dfrac{\mathrm{d}x_2}{\mathrm{d}t} = g_{x1}(x_1^0, x_2^0)(x_1 - x_1^0) + g_{x2}(x_1^0, x_2^0)(x_2 - x_2^0) \end{cases}$$

记系数矩阵为 $\boldsymbol{A} = \begin{bmatrix} f_{x1} & f_{x2} \\ g_{x1} & g_{x2} \end{bmatrix}_{P_0}$，且假设行列式 $|\boldsymbol{A}| \neq 0$，则常微分方程组的特征方程为

$$|\boldsymbol{A} - \lambda \boldsymbol{I}| = 0 \Leftrightarrow \lambda^2 + p\lambda + q = 0$$

其中，$p = -(f_{x_1} + g_{x_2})\big|_{P_0}$，$q = |A|$，$\lambda$ 为特征根。不妨设特征根分别为λ_1 及λ_2，即

$$\lambda_{1,2} = \frac{-p \pm \sqrt{p^2 - 4q}}{2}$$

根据特征值λ_1、λ_2 和系数 p、q 的取值情况可以确定平衡点 $P_0(x_1^{(0)}, x_2^{(0)})$ 的稳定性。如果 $p > 0$ 且 $q > 0$，则平衡点是稳定的；如果 $p < 0$ 且 $q < 0$，则平衡点是不稳定的。

与常微分方程相比较，偏微分方程自由度更大，使其解更灵活。偏微分方程的求解可含有任意函数，通解形式常常难以表达。在实践中，重要的不在于求方程通解，而在于求一定条件下的解，即所谓特解。定解条件即为确定特解所需条件，包括初始条件、边界条件等，可供确定特解时参考。只考虑初始条件、不考虑边界条件的定解问题称为初值问题或柯西问题；只考虑边界条件、不考虑初始条件的定解问题称为边值问题；兼有初始条件和边界条件的定解问题便称为初边值问题或混合问题。抛物线型方程、椭圆型方程和双曲线型方程都是典型的偏微分方程，其初边值问题可如下表示。

二阶线性偏微分方程的抛物线型方程的初边值问题可以表示为

$$\begin{cases} \dfrac{\partial u}{\partial t} - a \dfrac{\partial^2 u}{\partial x^2} = f(x,t), 0 < x < \pi, 0 < t \leqslant T \\ u(x,0) = \varphi(x), 0 \leqslant x \leqslant \pi \\ u(0,t) = \alpha(t), u(\pi,t) = \beta(t), 0 < t \leqslant T \end{cases}$$

二阶线性偏微分方程的双曲线型方程初边值问题可以表示为

$$\begin{cases} \dfrac{\partial^2 u}{\partial t^2} - a^2 \dfrac{\partial^2 u}{\partial x^2} = f(x,t), 0 < x < \pi, 0 < t \leqslant T \\ u(x,0) = \varphi(x), \dfrac{\partial u(x,0)}{\partial t} = \psi(x), 0 \leqslant x \leqslant \pi \\ u(0,t) = \alpha(t), u(\pi,t) = \beta(t), 0 < t \leqslant T \end{cases}$$

二阶线性偏微分方程的椭圆型方程初边值问题可以表示为

$$\begin{cases} -a^2 \left(\dfrac{\partial^2 u}{\partial x^2} + \dfrac{\partial^2 u}{\partial y^2} \right) = f(x,y), (x,y) \in \Omega \\ u(x,y) = \varphi(x,y), (x,y) \in \partial\Omega \end{cases}$$

1.4　数值分析的基本知识

在进行微分方程数值计算时，常常需要对导数或者偏导数在某点处的值进行数值近似，所以掌握泰勒公式及其变形至关重要。

一元函数 $u(x)$ 关于自变量有直到 n 阶的导数，从而有 n 阶泰勒公式：

$$u(x_0 + h) = u(x_0) + u'(x_0)h + \frac{1}{2!}u''(x_0)h^2 + \cdots + \frac{1}{n!}u^{(n)}(x_0)h^n + o(h^{n+1})$$

同理，也可以有以下表达式：

$$u(x_0 - h) = u(x_0) - u'(x_0)h + \frac{1}{2!}u''(x_0)h^2 + \cdots + \frac{(-1)^n}{n!}u^{(n)}(x_0)h^n$$
$$+ o(h^{n+1})$$

将上述两式相加或者相减，可以得到以下关于 $u(x_0)$、$u'(x_0)$ 以及 $u''(x_0)$ 的表达式：

$$u(x_0) = \frac{u(x_0 - h) + u(x_0 + h)}{2h} + o(h^2)$$

$$u'(x_0) = \begin{cases} \dfrac{u(x_0 + h) - u(x_0 - h)}{2h} + o(h^2) \\[3mm] \dfrac{u(x_0 + h) - u(x_0)}{h} + o(h) \\[3mm] \dfrac{u(x_0) - u(x_0 - h)}{h} + o(h) \end{cases}$$

$$u''(x_0) = \frac{u(x_0 + h) - 2u(x_0) + u(x_0 - h)}{h^2} + o(h^2)$$

基于以上导数表达式可以得到导数的有限差商形式，即用差商近似导数，得到等步长情况下导数的各阶差商。

• 误差为 $o(h)$ 的一阶向前差商形式如下：

$$u'(x_0) \approx \frac{u(x_0 + h) - u(x_0)}{h}$$

• 误差为 $o(h)$ 的一阶向后差商形式如下：

$$u'(x_0) \approx \frac{u(x_0) - u(x_0 - h)}{h}$$

- 误差为 $o(h^2)$ 的二阶中心差商形式如下:

$$u''(x_0) \approx \frac{u(x_0 + h) - u(x_0 - h)}{2h}$$

- 误差为 $o(h^2)$ 的二阶中心差商形式如下:

$$u''(x_0) \approx \frac{u(x_0 + h) - 2u(x_0) + u(x_0 - h)}{h^2}$$

类似地,对于多元函数也可以通过取定一个变量而固定其他变量的方式,得到以下偏导数的表达式:

$$\frac{\partial u}{\partial x}(x_0, y_0) = \begin{cases} \dfrac{u(x_0 + \Delta x, y_0) - u(x_0, y_0)}{\Delta x} + o(\Delta x) \\[3mm] \dfrac{u(x_0, y_0) - u(x_0 - \Delta x, y_0)}{\Delta x} + o(\Delta x) \\[3mm] \dfrac{u(x_0 + \Delta x, y_0) - u(x_0 - \Delta x, y_0)}{2\Delta x} + o(\Delta x^2) \end{cases}$$

$$\frac{\partial u}{\partial y}(x_0, y_0) = \begin{cases} \dfrac{u(x_0, y_0 + \Delta y) - u(x_0, y_0)}{\Delta y} + o(\Delta y) \\[3mm] \dfrac{u(x_0, y_0) - u(x_0, y_0 - \Delta y)}{\Delta y} + o(\Delta y) \\[3mm] \dfrac{u(x_0, y_0 + \Delta y) - u(x_0, y_0 - \Delta y)}{2\Delta y} + o(\Delta y^2) \end{cases}$$

$$\frac{\partial^2 u}{\partial x^2}(x_0, y_0) = \frac{u(x_0 + \Delta x, y_0) - 2u(x_0, y_0) + u_0(x_0 - \Delta x, y_0)}{\Delta x^2} + o(\Delta x^2)$$

$$\frac{\partial^2 u}{\partial y^2}(x_0, y_0) = \frac{u(x_0, y_0 + \Delta y) - 2u(x_0, y_0) + u_0(x_0, y_0 - \Delta y)}{\Delta y^2} + o(\Delta y^2)$$

基于以上导数表达式可以得到导数的有限差商形式,即用差商近似导数,得到等步长情况下偏导数的各阶差商。

- 误差为 $o(h_x)$ 的一阶向前差商形式如下:

$$\frac{\partial u}{\partial x}(x_0, y_0) \approx \frac{u(x_0 + h_x, y_0) - u(x_0, y_0)}{h_x}$$

- 误差为 $o(h_y)$ 的一阶向前差商形式如下:

$$\frac{\partial u}{\partial y}(x_0, y_0) \approx \frac{u(x_0, y_0 + h_y) - u(x_0, y_0)}{h_y}$$

- 误差为 $o(h_x)$ 的一阶向后差商形式如下:

$$\frac{\partial u}{\partial x}(x_0,y_0) \approx \frac{u(x_0,y_0)-u(x_0-h_x,y_0)}{h_x}$$

- 误差为 $o(h_y)$ 的一阶向后差商形式如下：

$$\frac{\partial u}{\partial y}(x_0,y_0) \approx \frac{u(x_0,y_0)-u(x_0,y_0-h_y)}{h_y}$$

- 误差为 $o(h_x^2)$ 的一阶中心差商形式如下：

$$\frac{\partial u}{\partial x}(x_0,y_0) \approx \frac{u(x_0+h_x,y_0)-u(x_0-h_x,y_0)}{2h_x}$$

- 误差为 $o(h_y^2)$ 的一阶中心差商形式如下：

$$\frac{\partial u}{\partial y}(x_0,y_0) \approx \frac{u(x_0,y_0+h_y)-u(x_0,y_0-h_y)}{2h_y}$$

- 误差为 $o(h_x^2)$ 的二阶中心差商形式如下：

$$\frac{\partial^2 u}{\partial x^2}(x_0,y_0) \approx \frac{u(x_0+h_x,y_0)-2u(x_0,y_0)+u(x_0-h_x,y_0)}{h_x^2}$$

- 误差为 $o(h_y^2)$ 的二阶中心差商形式如下：

$$\frac{\partial^2 u}{\partial y^2}(x_0,y_0) \approx \frac{u(x_0,y_0+h_y)-2u(x_0,y_0)+u(x_0,y_0-h_y)}{h_y^2}$$

其中，h_x 和 h_y 分别为 x 方向与 y 方向的步长。

1.5 微分方程数学建模案例

在系统学习微分方程数学模型（包括常微分方程和偏微分方程的数学模型）之前，这一节介绍常微分方程数学模型的一些简单例子，来说明微分方程模型在我们生活中的运用，并具体阐述怎样建立和求解微分方程数学模型。

◉ **例 1（山高的测量问题）**：小明站在小山丘顶上，要测量小山丘的高度。他伫立在山的边缘，用最原始的物理方法测量。他把一颗小石子从小山丘顶往下扔，5 s 之后就听到了小山丘下面传来的回声。请试着建立一个数学模型来估算小山丘的高度。

由于读者一般在高中时就遇到过此类问题，数学建模的初学者乍看这个问题也许会认为数学建模并不是一件困难的工作。这是一个较简单的实

际问题(数学建模问题),读者利用自由落体公式可计算出山体的高为122.5m,其计算过程如下:

$$H = \frac{1}{2}gt^2 = 0.5 \times 9.8 \times 5^2 = 122.5(\text{m})$$

以上所建模型可称之为理想自由落体模型。由于建模过程中未考虑其他可能对测量结果产生影响的各种因素,所以它是一种很理想化的数学模型。数学模型就是为了解决实际问题,以上方法并未较好地解决测量山的高度的问题。建立模型求解问题可能并不困难,但要求已建数学模型能有效指导实践则很难。

尽管以上理想自由落体模型能计算出山丘的高度,但是计算结果会有很大误差。应该强调指出,这里所研究的已不是抽象的理论问题,而是具体的实际问题。诸位读者提出的数学模型或所得结果应能够对实际工作具有很强的指导意义,也就是说要尽最大努力使所获得的解答接近于事实。那么,建立数学模型解题时还要考虑什么因素呢?比如,人们的反应时间是实际工作中要考虑到的吗?通过搜索数据可得出人类的平均反应时间在0.1s左右。所以自由落体公式的计算结果是可以改进的。

$$H = \frac{1}{2}gt^2 = 0.5 \times 9.8 \times (5-0.1)^2 = 117.649(\text{m})$$

从以上分析中我们可以看出117.649m要比122.5m更加接近山丘的实际高度。与理想自由落体模型相比较,考虑反应时间的数学模型可称之为修正自由落体模型。在实际测量方面,因修正自由落体模型所得结果与实际情况更接近,可认为修正自由落体模型优于理想自由落体模型。如果换一种角度看这两种结果,我们还可以说这两个模型得出的结果都是对的,只是这两种结果建立在不同的假设前提之上。一个好的数学模型,通常要考虑较多因素。在考虑人体反应时间因素之后,还有没有别的因素要考虑,比如空气阻力?查阅有关资料可发现石子受到的空气阻力与速度成正比,阻力系数占质量的比例在0.2左右。据此,可建立如下常微分方程模型来描绘石子速度与时间之间的关系:

$$\begin{cases} \dfrac{\mathrm{d}v}{\mathrm{d}t} = g - \dfrac{f}{m} = g - \dfrac{k}{m}v \\ v(0) = 0 \end{cases}$$

求解上述常微分方程得到速度的解析表达式如下：

$$v(t) = \frac{gm}{k}(1 - \mathrm{e}^{-\frac{kt}{m}})$$

在学习微分方程模型的过程中，许多读者或许会对自身的数学能力感到担忧，因为其可能无法胜任复杂模型的求解任务。然而，如今已经涌现出许多可供编程求解任务使用的软件，例如 MATLAB 和 Python 软件等，它们为我们提供了强有力的支持。这里主要介绍一些常用的建模方法，并给出相应实例来说明如何利用这些工具进行微分方程求解。如果我们无法在理论层面上解决所构建的微分方程模型，那么请放心将其委托给软件进行处理。本书将以常见的几个实际案例为切入点，介绍利用这些工具包来快速构建和求解微分方程模型的方法。以下 Python 软件的源代码可用于解析测量山高问题的常微分方程：

Python 代码 —— 求解析表达式

```
from sympy import *
t = symbols('t')
g = symbols('g')
k = symbols('k')
m = symbols('m')
v = symbols('v', cls = Function)
♯ 输入需要求解的微分方程
eq = diff(v(t),t,1) - g + k/m * v(t)
♯ 输入需要求解的微分方程初值条件
con = {v(0):0}
♯ 调用 dsolve 命令求解微分方程
v = dsolve(eq,ics = con)
print(v)
```

由于上述常微分方程模型的形式较为简单，可以方便地求得模型的解析表达式。解析表达式是刻画对象变化规律的最精确的方式。但当微分方程模型的形式较为复杂时，往往难以求得解析表达式。此时，更需要借助计算机软件求解微分方程的数值解。本书的第 2 ~ 5 章将讲解常微分方程的建模方法以及数值求解方法,第 6～8 章将介绍偏微分方程的建模方法及其数值求解方法。利用 Python 软件模拟石子在 4.9s 内的速度变化规律如图 1-2 所示。

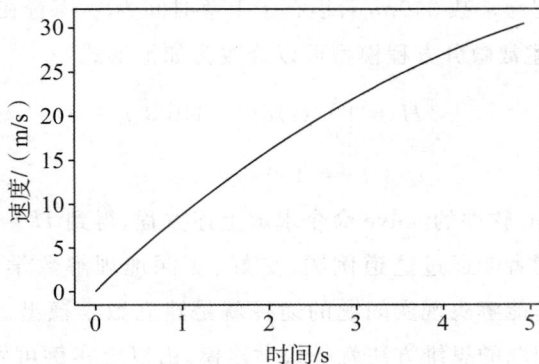

图 1-2　速度随时间变化规律示意

对速度函数进行定积分便可以得到小山丘的高度为 87.05m,计算过程如下:

$$H = \int_0^{4.9} v(t)\mathrm{d}t = 87.05(\mathrm{m})$$

求解上述定积分的 Python 源代码如下所示:

```
Python 代码 —— 数值求定积分
from sympy import *
t = symbols('t')
v = symbols('v', cls = Function)
eq = diff(v(t), t, 1) - 9.8 + 0.2 * v(t)
con = {v(0):0}
v = dsolve(eq, ics = con)
print(integrate(v, (t, 0, 4.9)))
```

建立并求解数学模型是一项开放式的工程,可以借助数学软件、图书资料等工具得到最终的结果。在本书的学习过程中,将介绍基于 Python 的求解方案以达到帮助读者掌握求解微分方程数学模型的目的。对比上述计算结果可以发现,结果已经得到很大的改善。由此可见,理想自由落体模型计算方法得到的山丘高度122.5m存在着较大的误差。

在实际生活中,回音传播时间是另一个不可忽略的因素。假设声音在空气中传播的速度为常数340m/s,小石子下落时间为t_1,声音在空气中的传播时间为t_2,则上述常微分方程模型可以修改为如下形式:

$$\begin{cases} H = \int_0^{t_1} v(t)\,\mathrm{d}t = 340 \times t_2 \\ t_1 + t_2 = 4.9 \end{cases}$$

采用 Python 软件的 solve 命令求解上述方程,得到 $H = 79.96$。

希望广大读者能通过这道例题,更好、更深地理解数学模型的真正含义。从实质上看,能解决现实问题的途径就是建立数学模型。一种用数学方法来解决现实问题的思维方法就是数学建模。由以上实例可发现,构建的数学模型通常在如下两方面进行取舍:一是数学建模用于解决实际问题,提出的数学模型不应该过于理想和简单。太理想的模型容易脱离现实,与建模目的相悖。二是数学建模的前提必须是能解决问题,所建数学模型必须能找到恰当的解答。所建的模型不能太现实,太现实的模型通常很难解答。因此,对数学模型建立过程作适当简化假设对建模尤为重要。

◉ **例 2**(人口估算问题):表 1-1 提供的是 1982—1998 年中国人口统计数据。请建立数学模型估算 1998 年以后中国人口数量的变化趋势,并对所建立的数学模型进行检验。

表 1-1   1982—1998 年中国人口数据   (单位:百万人)

年份	1982	1983	1984	1985	1986	1987	1988	1989	1990
人口	101654	103008	104357	105851	107507	109300	111026	112704	114333
年份	1991	1992	1993	1994	1995	1996	1997	1998	
人口	115823	117171	118517	119850	121121	122389	123626	124810	

两百多年前,英国人口学家马尔萨斯(Malthus,1766—1834)调查了当时英国近一百多年的人口统计资料,得出人口增长率近似不变的假设,并据此建立了著名的人口指数增长模型,称为 Malthus 模型。记时刻 t 的人口数量为 $x(t)$,当考察一个国家或一个较大地区的人口时,这是一个非常大的整数。为利用微积分这一数学工具,可将其视为连续、可微的函数。假设人口增

长率为常数 r，t 时刻到 $t + \Delta t$ 时刻的人口增量可以表示为

$$x(t + \Delta t) - x(t) = rx(t)\Delta t$$

根据导数的定义，可以将上述公式转化为导数形式如下：

$$\lim_{\Delta t \to 0} \frac{x(t + \Delta t) - x(t)}{\Delta t} = \frac{\mathrm{d}x(t)}{\mathrm{d}t}$$

于是，可以得到 Malthus 常微分方程模型如下：

$$\begin{cases} \dfrac{\mathrm{d}x(t)}{\mathrm{d}t} = rx(t) \\ x(0) = x_0 \end{cases}$$

其中，x_0 表示初始时刻的人口数量。

求解上述常微分方程模型，可以得到人口数量呈现指数形式增长，模型的解析表达式如下：

$$x(t) = x_0 \mathrm{e}^{rt}$$

现实问题中常需借助软件来解决微分方程的解析解或数值解问题。本书将综合运用 Python 软件来辅助微分方程数学模型的求解。Python 公司的符号运算工具包 SymPy 能以解析方式解积分以及微分方程。用于解决 Malthus 模型问题的 Python 代码如下：

Python 代码 —— 求解析表达式

```
from sympy import  *
t = symbols('t')
r = symbols('r')
x0 = symbols('x0')
x = symbols('x', cls = Function)
# 输入需要求解的微分方程
eq = diff(x(t), t, 1) - r * x(t)
# 输入需要求解的微分方程初值条件
con = {x(0) : x0}
# 调用 dsolve 命令求解微分方程
x = dsolve(eq, ics = con)
print(x)
```

通过高等数学中所介绍的最小二乘法对题目提供的数据进行非线性拟合,Python 软件的科学计算优化模块中提供了数据拟合函数 curve_fit。数据拟合 Python 代码如下:

Python 代码 —— 拟合函数求解析表达式	
import numpy as np	
import matplotlib. pyplot as plt	
from scipy. optimize import curve_fit	
import math	
# 定义拟合函数	
def Pfun(t,k1,k2):	
return k1 * np. exp(k2 * t)	
t0 = np. linspace(1982,1998,17)	
t1 = np. arange(0,16,0.1)	
d = np. array([101654,103008,104357,105851,107507,109300,111026, 112704,114333,115823,117171,118517,119850,121121,122389, 123626,124810])	
# 设置迭代初始值	
p0 = [100000,0.012861]	
# 运行拟合程序	
popt,pov = curve_fit(Pfun, t0, d, p0 = p0)	

运行上述 Python 程序,得到人口数量随时间变化的函数表达式如下:

$$x(t) = 6.254 \times 10^{-7} e^{0.0130t}$$

实际数据分布以及拟合曲线如图 1-3 所示。

根据拟合函数估算 1999—2010 年的中国人口数据如表 1-2 所示。

表 1-2　中国人口估算数据表　　　　　　　　(单位:百万人)

年份	1999	2000	2001	2002	2003	2004
人口	127595	129268	130963	132680	134420	136182
年份	2005	2006	2007	2008	2009	2010
人口	137968	139777	141610	143467	145348	147254

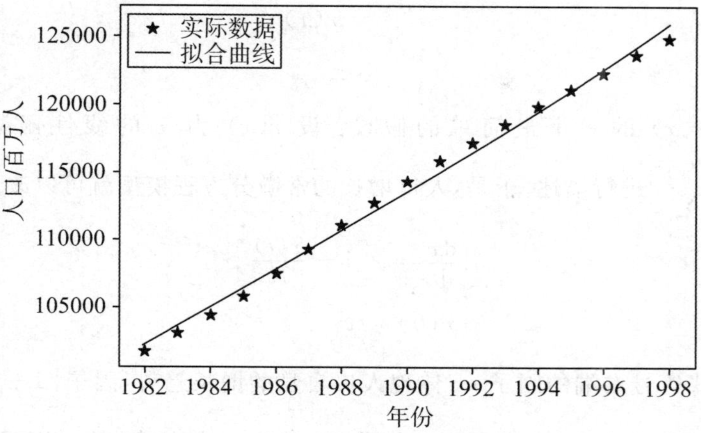

图 1-3　**Malthus 拟合效果图**

请思考：Malthus 拟合模型是否能够精准地描绘人口变化的趋势？我们可以用这个模型来分析人口发展趋势与资源利用之间的关系。实际上，Malthus 模型存在一个严重的缺陷，即随着时间的推移，所预测的数据也会呈现出无限的增长趋势。如果我们把它用于人口统计研究的话，会得出错误的结论。考虑到人类宏观调控的复杂性以及自然资源的有限性，这一问题在实际应用中显然无法得到解决。因此，我们需要建立新的数学模型来解决这个问题。经过分析，我们发现 Malthus 模型未能充分反映环境和资源对群体自然增长的影响、各生物成员之间为争夺有限的生活场所和食物所进行的竞争，以及食物和养料的紧缺对增长率的影响，这是导致错误结论出现的根本原因。

为克服这一缺陷，我们引入自限模型，又称 Logistic 模型。设在所考察的自然环境下，群体可能达到的最大总数（称为生存极限数）为 K。若初始时刻，群体的自然增长率为 r。伴随着群体数量增长，自然增长率开始逐渐下降。一旦群体总数达到上限 K，群体停止增长，即自然增长率为零。阻滞作用体现在对人口自然增长率 r 的影响上，使得 r 随着人口数量 x 的增加而下降。若将 r 表示为 x 的函数 $r(x)$，则它应是关于人口数量的减函数。

于是，人口增长的常微分方程模型可以写成如下形式：

$$\begin{cases} \dfrac{\mathrm{d}x}{\mathrm{d}t} = r(x)x \\ x(0) = x_0 \end{cases}$$

对 $r(x)$ 的一个最简单的假设：设 $r(x)$ 为 x 的线性函数，即用 $r\left[1 - \dfrac{x(t)}{K}\right]$ 进行描述。于是，人口增长的常微分方程模型就可以改进为

$$\begin{cases} \dfrac{\mathrm{d}x}{\mathrm{d}t} = r\left[1 - \dfrac{x(t)}{K}\right]x \\ x(0) = x_0 \end{cases}$$

上式等号右端的因子 rx 体现人口自身的增长趋势，因子 $\left[1 - \dfrac{x(t)}{K}\right]$ 则体现资源和环境对人口增长的阻滞作用。显然，x 值越大，前一因子越大，而后一因子越小，群体增长是两项因子共同作用的结果。求解如上常微分方程可以得到人口变化规律的函数表达式如下所示：

$$x(t) = \dfrac{K}{1 + \left(\dfrac{K}{x_0} - 1\right)\mathrm{e}^{-rt}}$$

求解 Logistic 模型的 Python 代码如下：

Python 代码 —— 求解析表达式		
from sympy import *		
t = symbols($'$t$'$)		
r = symbols($'$r$'$)		
x0 = symbols($'$x0$'$)		
K = symbols($'$K$'$)		
x = symbols($'$x$'$,cls = Function)		
♯ 输入需要求解的微分方程		
eq = diff(x(t),t,1) − r * x(t) * (1 − x(t)/K)		
♯ 输入需要求解的微分方程初值条件		
con = {x(0):x0}		
♯ 调用 dsolve 命令求解微分方程		
x = dsolve(eq,ics = con)		
print(x)		

通过高等数学中所介绍的最小二乘法进行数据拟合，数据拟合的 Python 代码如下所示：

```
Python 代码 —— 求解析表达式

import numpy as np
import matplotlib. pyplot as plt
from scipy. optimize import curve_fit
import math
# 定义拟合函数
def Pfun(t,k1,k2):
return k1/(1 + (k1/101654 - 1) * np. exp(- k2 * (t - 1982)))
t0 = np. linspace(1982,1998,17)
t1 = np. arange(0,16,0.1)
d = np. array([101654,103008,104357,105851,107507,109300,111026,
112704,114333,115823,117171,118517,119850,121121,122389,
123626,124810])
# 设置迭代初始值
p0 = [150000,0.012861]
popt,pov = curve_fit(Pfun, t0, d, p0 = p0)
```

运行上述 Python 程序，得到人口数量随时间变化的函数表达式如下：

$$x(t) = \frac{167364}{1 + \left(\frac{167364}{x_0} - 1\right) e^{-0.0405(t-1982)}}$$

实际数据分布以及拟合曲线如图 1-4 所示。

根据拟合函数估算 1999—2010 年的中国人口数据如表 1-3 所示。

表 1-3　中国人口估算数据　　　　　（单位：百万人）

年份	1999	2000	2001	2002	2003	2004
人口	126314	127555	128769	129957	131119	132254
年份	2005	2006	2007	2008	2009	2010
人口	133363	134446	135503	136533	137538	138516

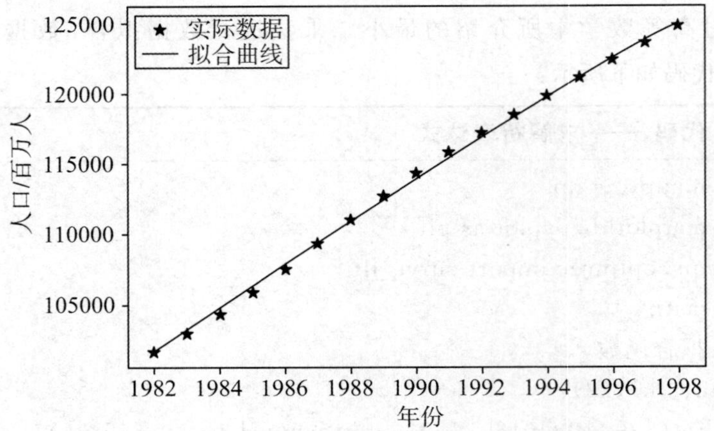

图 1-4 Logistic 拟合效果

对比 Malthus 模型以及 Logistic 模型的估算效果，并以此检验模型的稳定性，结果如表 1-4 所示。

表 1-4 误差对比

年份	真实值	Malthus 估算值	Malthus 估算误差	Logistic 估算值	Logistic 估算误差
1982	101654	102247	0.583%	101654	0
1983	103008	103588	0.563%	103261	0.246%
1984	104357	104946	0.564%	104853	0.475%
1985	105851	106322	0.445%	106429	0.546%
1986	107507	107717	0.195%	107988	0.447%
1987	109300	109129	0.157%	109528	0.209%
1988	111026	110560	0.420%	111050	0.0216%
1989	112704	112010	0.616%	112551	0.136%
1990	114333	113478	0.748%	114032	0.263%
1991	115823	114966	0.740%	115491	0.287%
1992	117171	116474	0.595%	116927	0.208%
1993	118517	118001	0.435%	118341	0.149%

续　表

年份	真实值	Malthus 估算值	Malthus 估算误差	Logistic 估算值	Logistic 估算误差
1994	119850	119548	0.252%	119732	0.0985%
1995	121121	121116	0.0041%	121098	0.0190%
1996	122389	122704	0.257%	122440	0.0417%
1997	123626	124313	0.556%	123757	0.106%
1998	124810	125943	0.908%	125048	0.191%

对比两种不同的人口估算模型，发现 Logistic 模型比 Malthus 模型得到的估算误差更小，Logistic 模型更加适合刻画中国人口在 1982—1998 年的变化趋势。在处理实际问题时，读者可以综合 Malthus 模型以及 Logistic 模型的优点，建立复合的估算模型。例如，在事物发展前期的增长率近似稳定时，可以采用 Malthus 模型来刻画发展规律；当事物发展中期的增长率开始下降时，可以采用 Logistic 模型进行刻画。

本章小结

本章简单地介绍了数学模型的基本概念以及建立数学模型的一般过程，并重点介绍了微分方程数学模型的一般化建模过程。本章系统地介绍了常微分方程数学模型、偏微分数学模型、数值计算微分方程的基本知识，为后续章节学习奠定良好的理论基础。最后本章以测量山高以及估算人口作为背景，具体讲解如何建立微分方程数学模型以及如何求解微分方程数学模型。

习　题

1. 1950 年在巴比伦发掘出一根刻有汉谟拉比王朝字样的木炭。经测定，^{14}C 衰减系数为 4.09 个/(g·min)，已知新砍伐烧成的木炭中 ^{14}C 衰减系数为 6.68 个 /(g·min)，^{14}C 的半衰期为 5568 年。请建立数学模型推测汉谟拉比王朝大约存在的年限。

2. 随着信息技术的快速发展以及通信网络的普及，信息的传播途径越来越多，传播速度也越来越快。一般信息的传播规律有一定的普遍性，但不同信息的传播模式和效果也有一定的差异性。流言蜚语或者小道消息也有一定的传播规律和传播效果，它们往往是在一定的人群、一定的范围和一定的时间段内按一定的规律传播。某城市共有 $n+1$ 人，其中 1 人出于某种目的编造了一个谣言，并利用他认识的人开始传播这个谣言。该城市具有初中以上文化程度的人占总人数的比例为 p，这些人只有 $a\%$ 相信这一个谣言，而其他人约有 $b\%$ 会相信这个谣言。假设相信这个谣言的人每人在单位时间内传播的平均人数正比于当时未听说此谣言的人数，而不相信这个谣言的人不会传播谣言。请建立数学模型研究谣言的传播情况，并简单分析其传播规律。

3. 汽车停车距离可以分为两段：一段为发现情况到开始制动这段时间里驶过的距离 DT，这段时间称为反应时间；另一段则为制动时间驶过的距离 DR。对某司机的考核结果如表 1-5 所示。

表 1-5   考核结果

行驶速度	DT	DR
36km/h	3m	4.5m
50km/h	5m	12.5m
70km/h	7m	24.5m

1）建立数学模型提出停车距离的经验公式；

2）设制动力正比于车重，建立理论分析模型并求出停车距离的公式。

4. 兰彻斯特（F. W. Lanchester）早在第一次世界大战中就曾提出过一些数学模型来预测战争的结果，包括作战双方都是正规部队、战斗的双方都是游击队、战斗一方是正规部队而另一方则是游击队的情形。以后又对模型加以改进并进一步加以说明，以分析一些历史上著名的战争，例如第二次世界大战期间的美日硫黄岛之战、1975 年的越南战争等。影响战争成败的因素很多，其中兵力多寡与战斗力强弱为两大要素。士兵人数将随战争进行而减

— 26 —

少,这可能是阵亡、受伤、被俘或生病所致,即战斗减员和非战斗减员。士兵人数还可以随增援部队抵达而增加。在一定意义上讲,战争结束后,若一方兵员数量等于零则另一方获胜。如何量化战争相关因素间的相互关系?例如,怎样阐述增加士兵数量和提高士兵素质这两个问题?

5. 采用运载火箭把人造卫星发射到高空轨道上运行,为什么不能用一级火箭而必须用多级火箭系统?请建立数学模型回答这个问题。

6. 某国原子能委员会以往处理浓缩的放射性废料的方法,是把它们装入密封的圆桶后扔到水深为 90 多米的海底。生态学家和科学家们表示担心,怕圆桶下沉到海底时与海底碰撞而发生破裂,从而造成核污染。原子能委员会分辩说这是不可能的。为此,工程师们进行了碰撞实验。发现当圆桶下沉速度超过 12.2m/s 与海底相撞时,圆桶就可能发生碰裂。为避免圆桶碰裂,需要计算圆桶沉到海底时速度是多少。

已知圆桶质量为 239.46kg,体积为 0.2058m³,海水密度为 1035.71kg/m³,如果圆桶沉到海底时速度小于 12.2 m/s 就说明这种方法是安全可靠的;否则就要禁止使用这种方法处理放射性废料。假设水的阻力与速度大小成正比例,其正比例常数为 0.6。现要求建立合理的数学模型解决如下实际问题:

1)判断这种处理废料的方法是否合理?

2)一般情况下速度越大,阻力的比例系数越大;速度越小,阻力的比例系数越小。当速度很大时,常用比例系数与速度的乘积来代替比例系数。那么,这时速度与时间的关系如何?并求出当速度不超过 12.2 m/s 时,圆桶的运动时间和位移应不超过多少。

7. 交通路口均有红绿灯。为了使正在交叉路口或距离交叉路口太远又停不了车的汽车经过交叉口,红绿灯变换中间还必须点亮黄灯一定时间。对一个行驶在交叉路口附近的司机而言,万不可陷入这种两难选择:想安全地停车就离开交叉路口;要过红灯前的路口,又觉得距离太远。那黄灯该亮多久最合理?

8. 我们知道,现在所有的香烟上都装有过滤嘴,有些过滤嘴很长。有人说过滤嘴能起到降低人体吸入的毒物量的作用。请建立数学模型描述吸烟过程并分析人吸入毒物量和什么因素有关,给出其数量表达式。

第一篇　常微分方程数学模型及其数值解

常微分方程模型指用微分方程这一数学工具描述连续变量间变化规律的数学模型。自然学科(例如,物理、化学、生物、天文等)和工程、经济、军事、社会等领域都有许多问题可用常微分方程来描述。经典常微分方程数学模型有但不限于传染病传播模型、药物动力学模型和生物种群关系模型。读者在建立微分方程模型前一定要牢固掌握元素法(微元法)。元素法(已被引入高等数学定积分运用)在一定程度上是一种无穷小分析方法,其建立在自然规律普遍性和局部规律独立性假设的基础之上。但有些常微分方程模型形式比较复杂,无法得到解析表达式。实际初值问题常常需要能获得多个点上达到指定精确度的近似解,或获得达到精确度的近似表达式。所以,对常微分方程数值求解工作的研究是十分必要和具有实际意义的。本篇将对经典常微分方程的数学模型构建过程和数值求解方法进行详细介绍。对于常微分方程模型中比较典型的传染病传播模型、药物动力学模型和种群关系模型等应用场景进行了详细介绍。即便对常微分方程基础知识掌握较少的读者,也能够快速地针对问题特点建立数学模型。另外,本篇还结合 Python 软件的特点,介绍了如何对常微分方程模型进行计算求解,其中包括解析表达式的解法和数值解的解法等。

第 2 章　　传染病模型及其数值解

传染病一直是威胁人类健康的敌人,有史以来每一次传染病流行对人类生存及国计民生都会造成无法估量的损失。常微分方程(组)模型作为传染病病菌传播研究的主要手段,能有效刻画病菌传播机制,对传染病未来趋势进行预测。如针对埃博拉病毒、SARS 病毒、新型冠状病毒和禽流感病毒,常微分方程(组)数学模型能够描述病菌在不同群体之间的传播。由于不同种类传染病在传播过程中具有各自不同的特征,因此,要了解这些特征就需要掌握相当丰富的病理知识。这里不能从医学角度对各类传染病病菌的传播特点进行逐个分析,而只能根据一般传播机理来介绍怎样建立微分方程(组)数学模型。

2.1　SI 模型

SI(Susceptibles-Infectives)模型是最为基础的传染病模型,许多研究传染病传播规律的数学模型都是基于 SI 模型改进发展而得的。因此,扎实地掌握 SI 模型对系统地学习传染病模型至关重要。SI 模型将整个人群分为易感染者(Susceptibles)以及已感染者(Infectives)两类,分别以 $s(t)$ 以及 $i(t)$ 表示 t 时刻易感染者和已感染者在总人群中的比例。按照传染病的传播规律,两类人群的转移过程如图 2-1 所示。

假设人口总数在研究时间内相对稳定,可近似视为定值常数。每名已感染者平均每天能够有效接触的人数为常数 λ,可将 λ 视为日接触率。当已感染者与易感染者有效接触后,可使得易感染者受感染而成为已感染者。

图 2-1　两类人群的转移过程示意

由于已感染者有效接触的人群中包含已感染者和易感染者两类人群，每名已感染者每天可使 $\lambda \times s(t)$ 名易感染者变成已感染者。由于已感染者的数量为 $N \times i(t)$，则每天共有 $\lambda \times N \times s(t) \times i(t)$ 名易感染者被感染。于是，$\lambda \times N \times s(t) \times i(t)$ 就是已感染者数量的增加率。综上所述，可以得到如下 SI 微分方程组数学模型：

$$\begin{cases} N\dfrac{\mathrm{d}i}{\mathrm{d}t} = \lambda N s(t) i(t) \\ s(t) + i(t) = 1 \\ i(0) = i_0 \end{cases}$$

其中，i_0 表示初始时刻的已感染者占总体人群的比例。

经过整理，我们得到了易感染者比例与时间变化规律之间的常微分方程数学模型，如下所示：

$$\begin{cases} \dfrac{\mathrm{d}i}{\mathrm{d}t} = \lambda i(t)[1 - i(t)] \\ i(0) = i_0 \end{cases}$$

由于上述 SI 模型的形式并不复杂，可以求得微分方程的解析表达式如下：

$$\begin{cases} i(t) = \dfrac{1}{1 + \left(\dfrac{1}{i_0} - 1\right)e^{-\lambda t}} \\ s(t) = \dfrac{\left(\dfrac{1}{i_0} - 1\right)e^{-\lambda t}}{1 + \left(\dfrac{1}{i_0} - 1\right)e^{-\lambda t}} \end{cases}$$

Python 软件常被用于对数学问题进行计算、求解、数据分析以及处理。本书将结合 Python 软件的相关库以及函数介绍如何实现常微分方程（组）数学模型的求解功能。Python 软件符号计算库 SymPy 提供 dsolve 函数命令,可用于求解 SI 模型解析表达式。求解上述 SI 模型的 Python 代码如下所示。

Python 代码 —— 求解 SI 模型的解析表达式

```
from sympy import *
t = symbols('t')
i0 = symbols('i0')
i = symbols('i',cls = Function)
lam = symbols('lam')
# 输入需要求解的微分方程
eq = diff(i(t),t,1) − lam * i(t) * (1 − i(t))
# 输入需要求解的微分方程初值条件
con = {i(0):i0}
# 调用 dsolve 命令求解微分方程
i = dsolve(eq,ics = con)
print(i)
```

观察 SI 模型的形式不难发现,已感染者比例变化率是关于已感染者比例 $i(t)$ 的二次函数。因此,当 $i(t) = 0.5$ 时,已感染者比例变化率将达到最大值。当达到该变化比例时,已感染者比例增加速度最快,该时刻可以表达如下:

$$t_{\mathrm{m}} = \lambda^{-1}\ln\left(\frac{1}{i_0} - 1\right)$$

因此,t_{m} 可以被认为是医院门诊量最大的时刻,预示着传染病高峰的到来,这也是医疗卫生部门最关注的时刻。t_{m} 与 λ 成反比,日接触率 λ 表示该地区的卫生水平,λ 越小表示卫生水平越高。因此,改善保健设施以及提高卫生水平可以有效地推迟传染病高峰的到来。

虽然 SI 模型形式简单也便于求解,但是 SI 模型有着相当大的局限性:当 $t \to \infty$ 时,$i(t) \to 1$,即所有人终将被传染成为已感染者,这显然不符合实际情况!其主要原因在于 SI 模型并没有考虑到已感染者可以被治愈。SI 模型中易感染者只能变成已感染者,而已感染者不会再变成易感染者。

为修正上述结果,引入已感染者可以被治愈的假设,即已感染者被治愈后将变成易感染者,易感染者还可以再次被感染而变成已感染者。因此,可以称修正的 SI 模型为 SIS(Susceptibles-Infectives-Susceptibles) 模型。SIS 模型中两类人群的转移过程如图 2-2 所示。

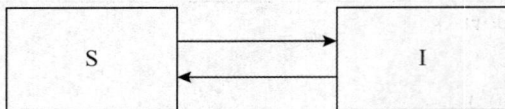

图 2-2　SIS 模型两类人群转移过程示意

假设每天被治愈人群数量占已感染人群总数的比例为常数 μ,称为日治愈率。显然,$\dfrac{1}{\mu}$ 可以视为该传染病的平均传染周期。于是,SIS 传染病模型可以表达为如下形式:

$$\begin{cases} N\dfrac{\mathrm{d}i}{\mathrm{d}t} = \lambda Ns(t)i(t) - \mu Ni(t) \\ s(t) + i(t) = 1 \\ i(0) = i_0 \end{cases}$$

整理后,得到 SIS 微分方程模型的形式如下所示:

$$\begin{cases} \dfrac{\mathrm{d}i}{\mathrm{d}t} = \lambda i(t)\left[1 - i(t)\right] - \mu i(t) \\ i(0) = i_0 \end{cases}$$

由于 SIS 模型的形式并不复杂,可以求得微分方程的解析表达式如下:

$$i(t) = \begin{cases} \left[\dfrac{\lambda}{\lambda - \mu} + \left(\dfrac{1}{i_0} - \dfrac{\lambda}{\lambda - \mu}\right)\mathrm{e}^{-(\lambda - \mu)t}\right]^{-1}, \lambda \neq \mu \\ \left(\lambda t + \dfrac{1}{i_0}\right)^{-1}, \lambda = \mu \end{cases}$$

利用 Python 软件的 dsolve 命令求解 SIS 模型的解析表达式,源程序可以参看求解 SI 模型的程序模板。

结合参数 λ 和 $\dfrac{1}{\mu}$ 的具体含义,定义新的参数 $\sigma = \dfrac{\lambda}{\mu}$ 表示整个传染病传播周期内每名已感染者有效接触的平均人数,称为接触数。

于是,SIS 模型可改写为如下形式:

$$\frac{\mathrm{d}i}{\mathrm{d}t} = -\lambda i(t) \left[i(t) - \left(1 - \frac{1}{\sigma} \right) \right]$$

其中,接触数 $\sigma = 1$ 是一个阈值:

 • 当 $\sigma > 1$ 时,已感染者比例 $i(t)$ 的单调性取决于初始已感染者比例 i_0 的数值,其极限值 $i(\infty) = 1 - \frac{1}{\sigma}$ 随着 σ 的增加而增加;

 • 当 $\sigma \leqslant 1$ 时,已感染者比例 $i(t)$ 随着时间推移而越来越小,最终趋于零。这是由于传染病传播周期内易感染者变成已感染者人数不会超过原有已感染者人数的缘故。

2.2　SIR 模型

  然而,患天花、流感、肝炎、麻疹等大多数传染病的个体治愈后,均表现出强大的免疫能力。在这种情况下,疾病传播不再依赖于特定群体而只取决于该群体内个体间是否存在相互接触。那些已经康复的个体,不属于容易感染或已经感染的人群,他们可以被视为已经退出了整个传染系统。SIR(SusceptiblesInfectives-Removed) 模型(见图 2-3) 将所有人群分为易感染者(Susceptibles)、已感染者(Infectives) 和病愈免疫者(Removed)。在时刻 t,上述三类人群在总人群中所占比例分别记作 $s(t)$、$i(t)$ 和 $r(t)$;病人的日接触率为常数 λ,日治愈率为常数 μ。

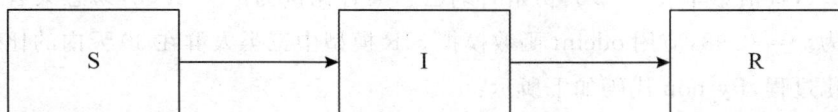

图 2-3　SIR 模型三类人群转移过程示意

  假设在整个传染病传播周期内,群体总数相对稳定不变,即 $s(t) + i(t) + r(t) = 1$。对病愈免疫者而言,其比例增加速率与已有患者比例成正比,从而有如下表达式刻画病愈免疫者比例变化趋势:

$$\frac{\mathrm{d}r}{\mathrm{d}t} = \mu i(t)$$

记初始时刻的易感染者和已感染者占总人群的比例分别为 s_0 和 i_0，且不妨假设病愈免疫者的初始值 $r_0=0$，则可以建立如下常微分方程组数学模型刻画三类人群比率的变化趋势。

$$\begin{cases} \dfrac{\mathrm{d}i}{\mathrm{d}t}=\lambda s(t)i(t)-\mu i(t) \\[2mm] \dfrac{\mathrm{d}s}{\mathrm{d}t}=-\lambda s(t)i(t) \\[2mm] s(0)=s_0, i(0)=i_0 \end{cases}$$

以上的常微分方程组就是 SIR 模型。但只有很少量且又很简单的常微分方程（组）能通过初等方法获得其解析表达式，例如前文提到的 SI 和 SIS 模型就能获得解析表达式。多数常微分方程（组）仅能用近似方法得到数值解，例如幂级数解法、皮卡逐步逼近法等。上述与数值算法有关的内容，可参考数值分析课程和有关参考书籍。

本章将结合 Python 软件介绍如何求解常微分方程（组）的数值解，以培养读者求解微分方程数学模型的能力。Python 软件科学计算库 scipy 的积分模块 integrate 提供的 odeint 函数命令可用于求常微分方程（组）的数值解。其函数调用方式如下：solution = odeint(fun,y0,t)。其中，fun 表示常微分方程（组）的函数或者匿名函数，y0 表示初始条件的序列，t 表示自变量取值的序列，solution 表示对应于序列 t 中元素的数值解。

以建立的 SIR 模型为例介绍 Python 的数值求解方法。设置日接触率 $\lambda=1$，日治愈率 $\mu=0.3$，初始时刻已感染者比例为 $i_0=0.02$，易感染者比例为 $s_0=0.98$，应用 odeint 函数模拟 SIR 模型中三类人群在 30 天内的比例变化过程，Python 代码如下所示：

Python 代码 ——odeint 函数模拟 SIR 模型的发展趋势

```
from scipy. integrate import odeint
import numpy as np
import matplotlib. pyplot as plt
# 定义需要求解的常微分方程组
def SIRfun(y,x):
```

```
    y1,y2 = y;
    lam = 1;
    mu  =  0.3;    return  np.array([lam * y2 * y1  -  mu * y1,
- lam * y2 * y1])
x = np.arange(0,30,1)
plt.rc('font',family = 'SimHei')
# 运行微分方程数值解的函数命令
solution = odeint(SIRfun,[0.02,0.98],x)
```

应用 Python 程序可以统计出易感染者占比、已感染者占比和病愈免疫者占比随着时间的变化趋势,其具体信息如图 2-4 所示。在毒菌传播持续进行过程中,易感染者所占比例呈逐步降低趋势,病愈免疫者所占比例继续升高,已感染者所占比例呈先升高后降低趋势。所以,如果想要控制病情的大面积蔓延与暴发,就必须有效地防止病毒的传播。一旦传染病传播稳定,已感染者所占比例就会下降到 0,即该参数范围内传染病不发生大规模流行。通过易感染者的预测与控制可以有效地降低疾病发生的概率,降低死亡率。但模型中各参数的取值决定了稳定状态下易感染者是否依然存在,这是关键问题。

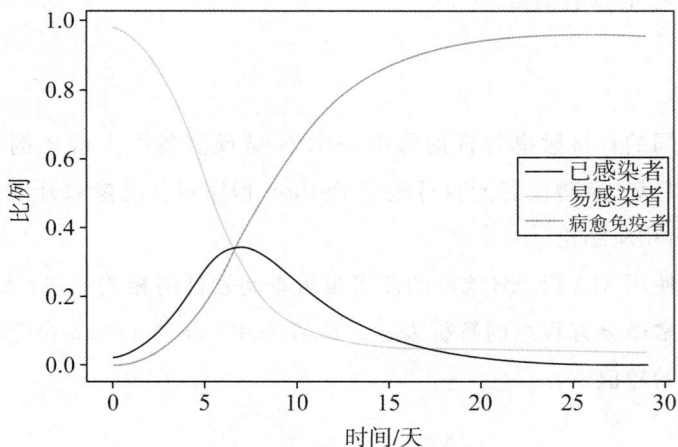

图 2-4　SIR 模型各类人群数量变化趋势

运行上述 Python 程序，得到易感染者比例与已感染者比例的相轨线如图 2-5 所示。

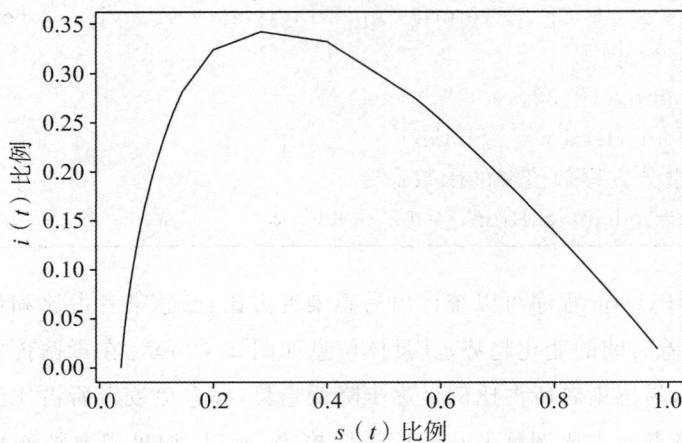

图 2-5   易感染者与已感染者的相轨线

由图 2-5 可明显看出：随着易感染者所占比重的持续减少，已感染者所占的比重呈先上升再下降趋势。另外，细心的读者也不难看出图 2-4 和图 2-5 中出现的曲线并不是光滑曲线，这是因为通过 Python 程序解常微分方程（组）获得的是数值解。

思考任务：

对不同的日接触率与日治愈率，SIR 模型预测各类人群比例将呈现不同的变化趋势。希望读者能自行编写 Python 程序对各类参数开展敏感度讨论，并得出相应结论。

部分使用 MATLAB 软件的读者也可查阅软件的相关资料，采用 dsolve 命令求解常微分方程组的解析表达式或者采用 ode45、ode23 命令求解常微分方程组的数值解。

除采用 Python 软件数值求解命令 odeint 函数外，也可以依据最简单的欧拉方法原理编写程序求解 SIR 模型的数值解。以上面所涉及的 SIR 模型为例,求解时间以天为单位对微分方程进行等间隔离散。

首先,对 SIR 模型进行弱化,使之仅在离散点处成立。可取离散步长 $h = 1$,则离散时间节点坐标为 $t_m = mh$,$m = 0,1,2,\cdots,30$。若仅在离散点成立,则应满足如下方程组:

$$\begin{cases} \dfrac{\mathrm{d}i(t_m)}{\mathrm{d}t} = \lambda s(t_m)i(t_m) - \mu i(t_m) \\[2mm] \dfrac{\mathrm{d}s(t_m)}{\mathrm{d}t} = -\lambda s(t_m)i(t_m) \end{cases} \qquad m = 0,1,2,\cdots,30$$

然后,利用差商近似微商的方法离散上述微分方程组。在离散节点处就应有节点离散方程组:

$$\begin{cases} \dfrac{i(t_m + h) - i(t_m)}{h} + o(h) = \lambda s(t_m)i(t_m) - \mu i(t_m) \\[2mm] \dfrac{s(t_m + h) - s(t_m)}{h} + o(h) = -\lambda s(t_m)i(t_m) \end{cases} \qquad m = 0,1,2,\cdots,30$$

忽略高阶项 $o(h)$ 并以数值解 i_m 与 s_m 作为精确解 $i(t_m)$ 与 $s(t_m)$,可用以下差分格式进行数值逼近:

$$\begin{cases} i_{m+1} = i_m + h(\lambda s_m i_m - \mu i_m) \\ s_{m+1} = s_m - h\lambda s_m i_m \\ i(0) = i_0, s(0) = s_0 \end{cases} \qquad m = 0,1,2,\cdots,30$$

以上就是著名的欧拉方法或者称欧拉折线法。采用欧拉方法模拟 SIR 模型中三类人群在 30 天内的比例变化过程,Python 代码如下所示:

Python 代码 —— 欧拉方法模拟 SIR 模型的发展趋势

```
import numpy as np
import matplotlib. pyplot as plt
s = [0.98];
i = [0.02];
r = [0];
# 以下内容采用欧拉方法进行数值迭代
```

```
for g in range(29):
    lam = 1;
    mu = 0.3;
    temp2 = i[-1] + lam * s[-1] * i[-1] - mu * i[-1];
    temp1 = s[-1] - lam * s[-1] * i[-1];
    s. append(temp1)
    i. append(temp2)
    r. append(1 - temp1 - temp2)
x = np. arange(0,30,1)
# 绘制结果图形
plt. rc('font',family = 'SimHei')
plt1 = plt. plot(x,i,label = '已感染者')
plt1 = plt. plot(x,s,label = '易感染者')
plt1 = plt. plot(x,r,label = '病愈免疫者')
plt. xlabel('时间 / 天', fontsize = 12)
plt. ylabel('比例', fontsize = 12)
plt. legend()
plt. show()
```

经验证,上述程序得到的数值结果与 odeint 函数命令得到的结果完全相同。因此,不在此处展示详细的结果。

除经典的欧拉方法外,还可以应用梯形法求解上述 SIR 模型的数值解。对 SIR 模型的等式两边同时进行定积分,得到如下形式:

$$\begin{cases} i(t_{m+1}) - i(t_m) = \displaystyle\int_{t_m}^{t_{m+1}} (\lambda s(t)i(t) - \mu i(t)) \mathrm{d}t \\ s(t_{m+1}) - s(t_m) = -\displaystyle\int_{t_m}^{t_{m+1}} \lambda s(t)i(t)\mathrm{d}t \end{cases} \qquad m = 0,1,2,\cdots,29$$

对上述方程组右端的积分运算以数值积分的左矩形法进行近似逼近,可以得到经典的欧拉公式。若采用数值积分的右矩形法进行近似逼近,则可以得到隐式欧拉公式。具体的形式如下所示:

$$\begin{cases} i_{m+1} - i_m = h(\lambda s_{m+1}\, i_{m+1} - \mu i_{m+1}) \\ s_{m+1} - s_m = -h\lambda s_{m+1}\, i_{m+1} \end{cases} \quad m = 0,1,2,\cdots,30$$

相较于欧拉公式，隐式欧拉公式计算的工作量显得大很多。结合左右矩形方法的优势，采用梯形方法计算可以获得更高的计算精度。梯形方法的迭代公式形式如下：

$$\begin{cases} i_{m+1} = i_m + \dfrac{1}{2}h(\lambda s_m i_m - \mu i_m + \lambda s_{m+1}\, i_{m+1} - \mu i_{m+1}) \\ s_{m+1} = s_m - \dfrac{1}{2}h(\lambda s_m i_m + \lambda s_{m+1}\, i_{m+1}) \qquad m = 0,1,2,\cdots,29 \\ i(0) = i_0, s(0) = s_0 \end{cases}$$

由于梯形方法是一种隐式方法，在具体求解时需要采用迭代方式进行求解。其中，迭代法的初始值可以由欧拉方法计算获得。梯形方法的迭代公式形式如下：

$$\begin{cases} i_{m+1}^{(0)} = i_m + h(\lambda s_m i_m - \mu i_m) \\ i_{m+1}^{(k+1)} = i_m + \dfrac{1}{2}h(\lambda s_m i_m - \mu i_m + \lambda s_{m+1}^{(k)}\, i_{m+1}^{(k)} - \mu i_{m+1}^{(k)}) \\ s_{m+1}^{(0)} = s_m - h\lambda s_m i_m \qquad m = 0,1,2,\cdots,30 \\ s_{m+1}^{(k+1)} = s_m - \dfrac{1}{2}h(\lambda s_m i_m + \lambda s_{m+1}^{(k)}\, i_{m+1}^{(k)}) \end{cases}$$

为防止迭代陷入死循环，设计迭代算法时需要确立迭代误差限或者迭代次数上限作为迭代结束条件。如此反复迭代，直至误差控制在指定范围内或者迭代次数达到终止上限。

以上面所涉及的 SIR 模型为例，误差控制条件可以表示为：$|i_{m+1}^{(k+1)} - i_{m+1}^{(k)}| < \varepsilon$ 以及 $|s_{m+1}^{(k+1)} - s_{m+1}^{(k)}| < \varepsilon$。然后，输出最终的迭代结果。基于梯形迭代方法，设置 $\varepsilon = 0.0001$，模拟 SIR 模型中三类人群在 30 天内的比例变化过程，Python 代码如下所示：

Python 代码 —— 梯形法模拟 SIR 模型的发展趋势

```
import numpy as np
import matplotlib.pyplot as plt
# 采用欧拉方法，以确定梯形方法的迭代初值
```

```
s = [0.98];
i = [0.02];
r = [0];
for g in range(29):
    lam = 1;
    mu = 0.3;
    temp2 = i[-1] + lam * s[-1] * i[-1] - mu * i[-1];
    temp1 = s[-1] - lam * s[-1] * i[-1];
    s. append(temp1)
    i. append(temp2)
    r. append(1 - temp1 - temp2)
# 确定迭代误差限
epsilon = 1e-4;
flag = 0; # 确定迭代误差满足条件标签
count = 0; # 确定迭代次数
S = s;
I = i;
R = r;
while flag == 0 and count < 1000:
    count += 1;
    temp1 = [0.02];
    temp2 = [0.98];
    temp3 = [0];
    for g in range(29):
        temp1. append(i[g] + 1/2 * (lam * s[g] * i[g] - mu * i[g] +
lam * S[g+1] * I[g+1] - mu * I[g+1]));
        temp2. append(s[g] + 1/2 * (-lam * s[g] * i[g] - lam * S[g+
1] * I[g+1]));
        temp3. append(1 - (i[g] + 1/2 * (lam * s[g] * i[g] - mu * i[g]
+ lam * S[g+1] * I[g+1] - mu * I[g+1])) - (s[g] + 1/2 * (-
lam * s[g] * i[g] - lam * S[g+1] * I[g+1])));
```

```
# 判断是否满足误差要求
    if max(abs(np.array(temp1) - np.array(I))) < epsilon and
max(abs(np.array(temp2)   -   np.array(S)))   and   max(abs(np.
array(temp3) - np.array(R))):
        flag = 1;
    I = temp1;
    S = temp2;
    R = temp3;
x = np.arange(0,30,1)
plt.rc('font',family = 'SimHei')
plt1 = plt.plot(x,I,label = '已感染者')
plt1 = plt.plot(x,S,label = '易感染者')
plt1 = plt.plot(x,R,label = '病愈免疫者')
plt.xlabel('时间 / 天', fontsize = 12)
plt.ylabel('比例', fontsize = 12)
plt.legend()
plt.show()
```

对比两种不同的数值计算方法(欧拉方法以及梯形方法)所得到的各类人群比例随时间变化规律,如图 2-6 与图 2-7 所示。

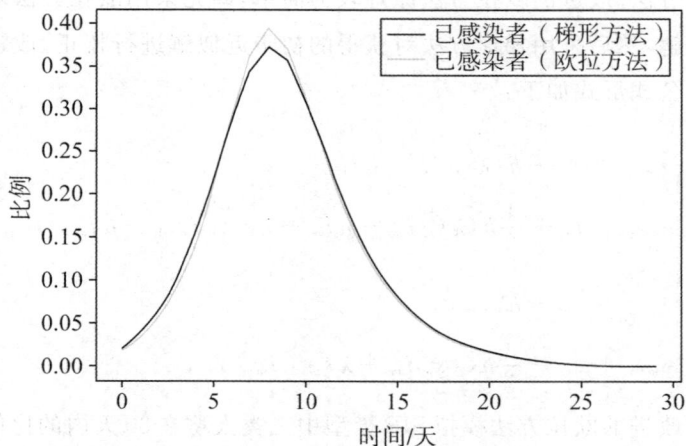

图 2-6　不同方法所得已感染者比例对比

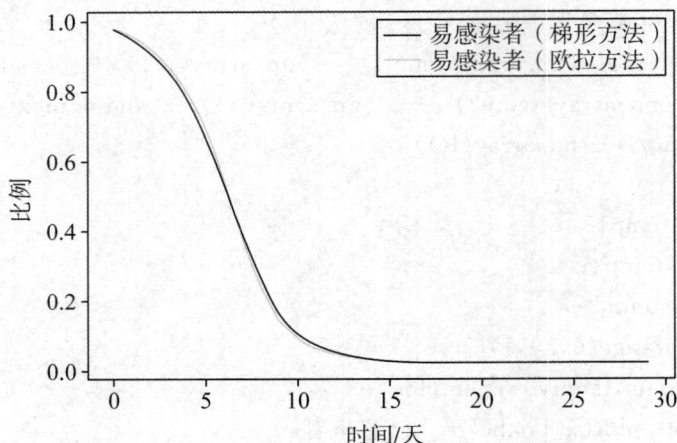

图 2-7　不同方法所得易感染者比例对比

　　观察两幅图像不难发现:两种数值计算方法得到的结果极为相似,但在已感染者比例的高峰数值处略有区别。采用欧拉方法计算得到的已感染者比例高峰略高于采用梯形方法计算得到的已感染者比例高峰;然而,两种方法计算得到的传染病高峰时间相同。

　　从理论层面分析,梯形方法以增加计算量为代价以获取更高的计算精度。为降低计算成本,在实际计算时也可采用迭代一次的梯形方法,称为改进的欧拉方法。改进的欧拉方法原理较为简单,即先采用欧拉方法求得一个初步近似解,然后采用梯形方法对获得的初步近似解进行校正。改进的欧拉方法计算公式形式如下:

$$
\begin{cases}
\bar{i}_{m+1} = i_m + h(\lambda s_m i_m - \mu i_m) \\
i_{m+1} = i_m + \dfrac{1}{2}h(\lambda s_m i_m - \mu i_m + \lambda \bar{s}_{m+1} \bar{i}_{m+1} - \mu \bar{i}_{m+1}) \\
\bar{s}_{m+1} = s_m - h\lambda s_m i_m \\
s_{m+1} = s_m - \dfrac{1}{2}h(\lambda s_m i_m + \lambda \bar{s}_{m+1} \bar{i}_{m+1})
\end{cases}
$$

　　基于改进的欧拉方法模拟 SIR 模型中三类人群在 30 天内的比例变化过程,Python 代码如下所示:

Python 代码 —— 改进的欧拉法模拟 SIR 模型的发展趋势

```python
import numpy as np
import matplotlib. pyplot as plt
# 采用欧拉方法,以确定梯形方法的迭代初值
s = [0.98];
i = [0.02];
r = [0];
for g in range(29):
    lam = 1;
    mu = 0.3;
    temp2 = i[-1] + lam * s[-1] * i[-1] - mu * i[-1];
    temp1 = s[-1] - lam * s[-1] * i[-1];
    s. append(temp1)
    i. append(temp2)
    r. append(1 - temp1 - temp2)
S = s;
I = i;
R = r;
# 对欧拉方法得到的初始值进行修正
for g in range(29):
    I[g+1] = I[g] + 1/2 * (lam * s[g] * i[g] - mu * i[g] + lam * s[g+
1] * i[g+1] - mu * i[g+1]);
    S[g+1] = S[g] - 1/2 * (lam * s[g] * i[g] + lam * s[g+1] * i[g+
1]);
    R[g+1] = 1 - I[g+1] - S[g+1];
```

经验证,上述程序得到的结果与 odeint 函数命令得到的结果较为相似,在此不再赘述。

思考任务：

若患者康复后只能获得暂时的免疫能力，即经过一段时间的免疫期后将再次成为易感染者，请问该如何建立修正的 SIR 模型？并讨论不同的模型参数对最终结果所造成的影响。请读者自行编写 Python 程序对改进的 SIR 模型进行模拟仿真。

讨论欧拉方法、梯形方法以及改进的欧拉方法在误差分析、稳定性分析以及收敛性分析等方面的性能。

2.3　SEIR **模型**

SI 模型与 SIR 模型的局限性体现在都没有考虑部分传染病毒菌具有潜伏特性。然而，在某些传染病的传播过程中，潜伏特性是不可忽略的特性。此时，大部分易感染者被感染后成为患者之前存有一段毒菌的潜伏期。假定在潜伏期内的感染者没有传染能力。SEIR (Susceptibles-Exposed-Infectives-Removed) 模型将总体人群分为以下四类：易感染者(Susceptibles)、潜伏者(Exposes)、已感染者(Infectives) 和病愈免疫者(Removed)。在时刻 t，上述四类人群在总人群中所占比例分别记作 $s(t)$、$e(t)$、$i(t)$ 和 $r(t)$。按照传染病的传播规律，四类人群之间的转移过程如图 2-8 所示。

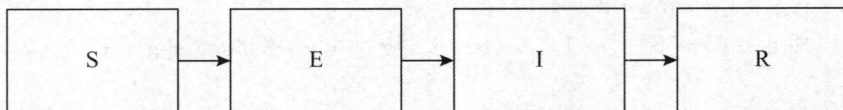

图 2-8　SEIR 模型四类人群转移过程示意

记已感染者的日接触率为常数 λ 以及日治愈率为常数 μ，传染病的平均潜伏期为常数 $\frac{1}{\gamma}$。参照 SI 模型及 SIR 模型的建立过程，可以建立如下常微分方程组数学模型刻画四类人群的变化情况：

$$\begin{cases} \dfrac{\mathrm{d}s}{\mathrm{d}t} = -\lambda s(t)i(t) \\[2mm] \dfrac{\mathrm{d}e}{\mathrm{d}t} = \lambda s(t)i(t) - \gamma e(t) \\[2mm] \dfrac{\mathrm{d}i}{\mathrm{d}t} = \gamma e(t) - \mu i(t) \\[2mm] s(t) + e(t) + i(t) + r(t) = 1 \end{cases}$$

设置日接触率 $\lambda = 1$，日治愈率 $\mu = 0.3$，平均潜伏期为 4 天，初始时刻已感染者占总人群的比例为 2%，易感染者占总人群的比例为 98%。利用 Python 软件的数值计算命令 odeint 函数模拟 SEIR 模型中四类人群在 30 天内的比例变化过程，Python 代码如下所示：

Python 代码 ——odeint 函数模拟 SEIR 模型的发展趋势

```
from scipy. integrate import odeint
import numpy as np
import matplotlib. pyplot as plt
# 设置常微分方程组
def SIRfun(y,x):
    y1,y2,y3 = y;
    lam = 1;
    mu = 0.3;
    gam = 0.25;
    return  np. array([- lam * y1 * y3,lam * y1 * y3 - gam * y2,
gam * y2 - mu * y3])
x = np. arange(0,30,1)
plt. rc('font',family = 'SimHei')
solution = odeint(SIRfun,[0.98,0,0.02],x)
plt1 = plt. plot(x,solution[:,0],label = '易感染者')
plt1 = plt. plot(x,solution[:,1],label = '潜伏者')
plt1 = plt. plot(x,solution[:,2],label = '已感染者')
plt1 = plt. plot(x,1-solution[:,0]-solution[:,1]-solution[:,2],label = '病
愈免疫者')
```

```
plt. xlabel('时间 / 天', fontsize = 12)
plt. ylabel('比例', fontsize = 12)
plt. legend()
plt. show()
```

运行上述程序,得到易感染者比例、潜伏者比例、已感染者比例以及病愈免疫者比例随时间的变化趋势如图 2-9 所示。

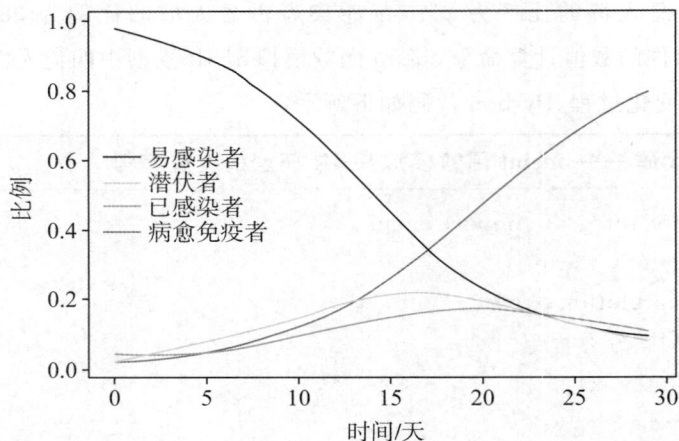

图 2-9　SEIR 模型各类人群数量变化趋势

图 2-9 的结果表明,随着传染病传播进程的推进,易感染者的比例呈现逐渐减小的趋势,病愈免疫者所占比例呈现不断攀升的趋势,潜伏者比例和易感染者比例呈现先上升后下降的变化趋势,最终趋近于零。

思考任务:

如果潜伏者具有低度的传播能力,请问应该如何修改上述 SEIR 模型?并讨论不同的模型参数对最终结果所造成的影响。

希望读者能基于欧拉方法、梯形方法、改进的欧拉方法自行编写 Python 程序求解 SEIR 模型的数值解。

例：SARS(Severe Acute Respiratory Syndrome,严重急性呼吸综合征,俗称:非典型肺炎)是 21 世纪第一个在世界范围内传播的传染病。SARS 的暴发和蔓延给我国的经济发展和人民生活带来了很大的影响。从这场疾病中,我们得到了许多重要的经验和教训,认识到定量地研究传染病的传播规律、为预测和控制传染病蔓延创造条件的重要性。请针对 SARS 的传播特点建立数学模型分析传染病的传播趋势。

说明:本题来源于 2003 年全国大学生数学建模竞赛 A 题,相关附件数据可以在竞赛官网历年赛题栏目下载(http://www.mcm.edu.cn)。

解答说明:

原题提供了北京市 2003 年 4 月 20 日至 6 月 23 日的 SARS 疫情相关数据,数据类型包括累计已确诊病例数量、现有疑似病例数量、死亡病例数量以及累计治愈出院数量。因此,可以考虑将总体人群分为以下五种类型:易感染者(S)、疑似病例(E)、确诊病例(I)、治愈者(R)以及死亡病例(D),从而建立 SEIRD 微分方程组数学模型。按照传染病的传播规律,五类人群之间的转移过程如图 2-10 所示。

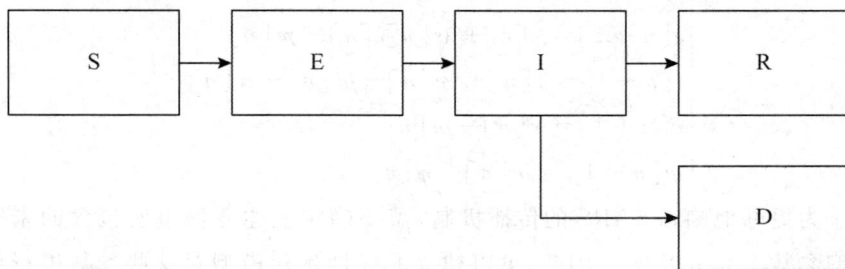

图 2-10　SEIRD 模型五类人群转移过程示意

假设在 SARS 传播过程中,人群总数保持相对稳定。将题目所提供数据第一行 4 月 20 日标记为研究的第 1 天。第 t 天,易感染者数量、疑似病例数量、确诊病例数量、治愈者数量以及死亡病例数量分别记作 $s(t)$、$e(t)$、$i(t)$、$r(t)$ 以及 $m(t)$。

$$s(t)+e(t)+i(t)+r(t)+m(t)=N$$

其中，N 表示 2003 年 4 月 20 日北京市人口总数。根据检索资料，2003 年北京市人口约为 1456.4 万人。

记 SARS 已感染者的日接触率为常数 λ，日治愈率为常数 μ，死亡率为常数 η，平均潜伏期为常数 $\frac{1}{\gamma}$。参考 SI 模型与 SIR 模型的建立过程，可以建立 SEIRD 五类人群比例变化的常微分方程组数学模型如下所示：

$$\begin{cases} \dfrac{\mathrm{d}s}{\mathrm{d}t} = -\lambda s(t)i(t) \\[2mm] \dfrac{\mathrm{d}e}{\mathrm{d}t} = \lambda s(t)i(t) - \gamma e(t) \\[2mm] \dfrac{\mathrm{d}i}{\mathrm{d}t} = \gamma e(t) - \mu i(t) - \eta i(t) \\[2mm] \dfrac{\mathrm{d}r}{\mathrm{d}t} = \mu i(t) \end{cases}$$

在第 n 天，上述五类人群数量分别记作 $s[n]$、$e[n]$、$i[n]$、$r[n]$ 和 $m[n]$。基于欧拉方法对上述常微分方程组进行离散化处理，从而得到常微分方程组的差分格式如下所示：

$$\begin{cases} s[n+1] = s[n] - \lambda s[n]i[n] \\ e[n+1] = e[n] + \lambda s[n]i[n] - \gamma e[n] \\ i[n+1] = i[n] + \gamma e[n] - \mu i[n] - \eta i[n] \\ r[n+1] = r[n] + \mu i[n] \\ m[n+1] = m[n] + \eta i[n] \end{cases}$$

为更好地刻画 SARS 的传播机制，需要确定上述方程组所包含的未知模型参数 λ、μ、η 以及 γ。因此，可以建立非线性优化模型对这些参数进行估计，数学模型表达如下：

$$\langle \lambda, \gamma, \eta, \mu \rangle = \operatorname{argmin} \sum_{n=1}^{65} |e[n] - e_n| + |i[n] - i_n| + |r[n] - r_n| + |m[n] - m_n|$$

其中，e_n、i_n、r_n 和 m_n 表示官方报道的第 n 天现存疑似患者数量、现存确诊患者数量、当天治愈者数量以及当天死亡病例数量。对于非线性优化模型的建立与求解过程可以参考浙江大学出版社出版的《优化数学模型及其软件实现》一书。

采用 Python 软件科学计算库 scipy 优化模块 optimize 的最小化函数

minimize 求解上述非线性优化模型，程序代码如下所示：

Python 代码 —— 估计 SEIRD 模型的参数

```python
import pandas as pd
import numpy as np
from scipy. optimize import minimize
global a
# 从提供的数据文件中读入数据
a = pd. read_excel('data. xlsx', header = None)
a = np. array(a)
A = np. zeros([65,4])
for i in range(len(a)):
    for j in range(4):
        A[i,j] = a[i,j]
bd = [(0,1),(0,1),(0,1),(0,1)]
for i in range(len(a)):
    A[i,0] = a[i,0] − a[i,2] − a[i,3]
def Pfun(x):
lam, gam, eta, mu = x
N = 14564000
    B = np. zeros([65,5])
    B[0,1:5] = a[0,:]
    B[0,0] = N − sum(a[0,1:5])
    for i in range(len(a) − 1):
        B[i+1,0] = B[i,0] − lam * B[i,0] * B[i,2]
        B[i+1,1] = B[i,1] + lam * B[i,0] * B[i,2] − gam * B[i,1]
        B[i+1,2] = B[i,2] + gam * B[i,1] − mu * B[i,2] − eta * B[i,2]
        B[i+1,3] = B[i,3] + mu * B[i,2]
        B[i+1,4] = B[i,4] + eta * B[i,2]
return sum(sum(abs((B[:,1:5] − A))))
# 调用最小化函数进行参数估计
x = [0, a[−1,2]/a[−1,0], 0, 0]
res = minimize(Pfun, x, bounds = bd)
print(res)
```

运行上述 Python 程序，得到模拟的累计治愈出院人数与真实报道的累计治愈出院人数的对比状况，如图 2-11 所示。

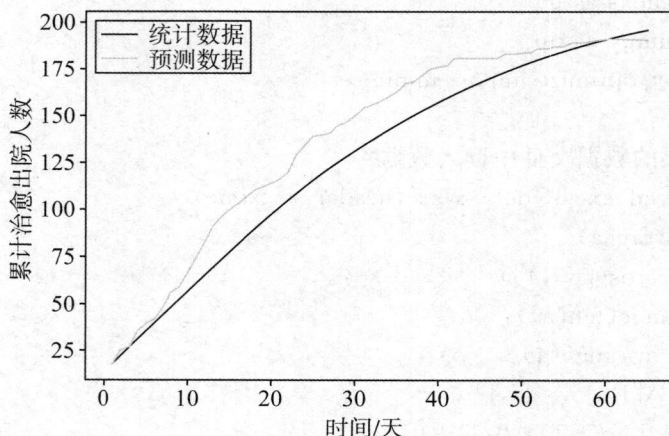

图 2-11　累计治愈出院人数

观察图 2-11 不难发现，SEIRD 模型得到的预测累计治愈出院数据与官方报道的累计治愈出院数据的变化趋势较为相似，从侧面说明所建立数学模型的有效性。但是，另外三方面的拟合数据和官方报道数据还有一定的差距。造成这些差距的主要原因在于模型假设过于简单，即日传染率、日治愈率在整个疾病传播过程中并非常数。

上述案例呈现如何采用常微分方程组数学模型刻画内部机理，以及建立非线性优化模型估计模型的未知参数，这是一种典型的综合应用微分方程以及优化模型求解实际问题的方案。

思考任务：

SEIRD 模型的关键假设在于日传染率、日治愈率均为常数。但在实际场景中，随着人群对于疾病的认识不断深入以及治疗方案的不断完善，各类参数往往并非常数。因此，当上述参数为常数时获得的拟合数据与官方报道数据有一定差距。

考虑在这些模型参数随时间变化的情况下，如何建立修正的模型。编程实现修正的数学模型,并对比模型参数以说明模型的优势。

讨论题:

1. 从 HIV/AIDS 开始大范围流行至今已经 25 年,这种疾病导致的感染人数和死亡人数不断攀升。人们在抗击 HIV/AIDS 方面付出了巨大的努力,也取得了一定的成果,但目前国际社会对于如何配置各种资源以实现更有效地防控 HIV/AIDS 相关方面的研究仍然欠缺。如果你们是联合国的一个专家组,请就怎样管理可利用的资源来防控 HIV/AIDS 问题,向联合国提出合理的建议。你们需要对目前引起大家关注的几种 HIV/AIDS 防控方案进行建模,并用你们的模型就资金分配问题给出合理建议。

问题:从每个大洲(非洲、亚洲、欧洲、北美洲、大洋洲和南美洲)中,各选择一个你们认为 HIV/AIDS 流行程度最严重的国家。建立数学模型粗略估计这些国家在没有任何有效干预措施时,2006—2050 年 HIV/AIDS 感染人数的变化规律。在模型中,要详细地叙述你们的模型并准确给出你们模型的基础假设。另外,解释一下你们选择这些国家的原因。

问题附件中的电子表格提供了 WHO(世界卫生组织)成员国家在相关领域直到 2003 年的数据,你们的模型中可能要用到这些数据。

数据文件:list_WHO_member_states. xls,给出了 WHO 成员国家列表。

数据文件:hiv_aids_data. xls,给出了 HIV/AIDS 相关数据表。

(1)Global HIV-AIDS cases, 1999,全球 HIV/AIDS 病例汇总(1999 年)。该数据来自 UNAIDS(联合国 HIV/AIDS 项目研究组),给出了到 1999 年底,由各个国家提供的 0 到 49 岁 HIV 检验为阳性的大致人数。

(2)HIV-AIDS in Africa over time,非洲 HIV/AIDS 流行情况。该数据来自美国政府,该表格给出了非洲一些城市育龄妇女零碎的艾滋病发病率时间序列统计数据。

(3)HIV-AIDS subtypes,HIV/AIDS 亚型表格。该数据来自 UNAIDS,表中按国家划分,给出了 HIV-1 子类型的地理分布。

附件还提供了这些国家的人口统计学数据。这些数据都来自联合国,包括了世界主要国家和地区在 1995—2050 年的人口统计数据,其中 1995—2005 年的数据为统计估计数据,2006—2050 年的数据为按照中等生育率假设下的预测数据。

相关的数据文件如下:

(1)fertility_data. xls,给出了生育率数据,指特定年龄的妇女的生育率(每千名妇女生育子女的数目)。

(2)population_data. xls,给出了人口统计表(分性别统计,单位:千人)。

(3)age_data. xls,给出了年龄分布统计数据,每隔 5 年划分一个年龄组,统计各个年龄组的人数。

(4)birth_rate_data. xls,给出了出生率统计数据,单位:出生人数 /(千人·年)。

(5)life_expectancy_0_data. xls,给出了人均寿命统计数据,单位:年。HIV/AIDS 防控专款主要以两种方式介入 HIV/AIDS 防控:预防介入和治疗介入。预防介入主要包括健康咨询、HIV 检测服务、避孕套推广、以学校为基础的艾滋病教育、防止母 — 婴传染的药物等。治疗介入包括治疗其他性传染病、控制高致病感染等。你们的工作要集中于两种最主要的介入方式:提供抗逆转录酶病毒(ARV)药物治疗和提供 HIV/AIDS 预防疫苗。

说明:本题来源于2006年国际大学生数学建模竞赛C题,相关附件数据可以在竞赛官网历年赛题栏目下载(http://www.comap.com)。

2. 埃博拉病毒于 1976 年在苏丹南部和刚果的埃博拉河地区被发现后,引起了医学界的广泛关注和重视。该病毒是能引起人类和灵长类动物发生埃博拉出血热的烈性传染病病毒,其生物安全等级为 4 级(艾滋病为 3 级,SARS 为 3 级,级数越大防护要求越严格)。

埃博拉病毒有传染性,主要是通过患者的血液、唾液、汗水和分泌物等途径传播。各种非人类灵长类动物普遍易感,经肠道、非胃肠道或鼻内途径均可造成感染,病毒的潜伏期通常只有 5 ～ 10 天,感染后 2 ～ 5 天出现高热,6 ～ 9 天死亡。发病后 1 ～ 4 天直至死亡,血液都含有病毒。埃博拉病毒感染者有很高的死亡率(50% ～ 90%),致死原因主要为中风、心肌梗死、低血容量休克或多发性器官衰竭。

当前主流的认知是：埃博拉病毒主要通过接触传播，而非通过空气传播；只有患者在出现埃博拉症状以后才具有传染性。在疾病的早期阶段，埃博拉病毒可能不具有高度的传染性，在此期间接触患者甚至可能不会受感染，随着疾病的进展，患者因腹泻、呕吐和出血所排出的体液将具有高度的生物危险性；存在似乎天生就对埃博拉免疫的人，痊愈之后的人也会对入侵他们的那种埃博拉病毒有了免疫能力。

埃博拉病毒很难根除，迄今为止已有多次疫情暴发的记录。最近的一次大暴发是在 2014 年的西非。截至 2014 年 9 月 25 日，在西非暴发的埃博拉疫情导致了逾 3000 人死亡，另有 6500 人被确诊感染。更为可怕的是，埃博拉病毒经过变异后可能可以通过呼吸传播。

制定一个（或多个）数学模型确定疾病传播的类型和严重程度，确定流行病是否被控制，触发适当的措施（何时治疗，何时转运受害者，何时限制活动，何时让疾病自然疗愈等）来控制疾病。注意：虽然可能希望从著名的 SIR 模型家族入手解决这个问题的部分，但请考虑其他模型、对 SIR 的修改、多种模型，或者创建您自己的模型。

3. 2009 年的甲型 H1N1 流感的蔓延是继 SARS 之后，21 世纪又一个在世界范围内传播的传染病，其传播速度和影响力较 SARS 更严重，且正值全世界金融危机，因此有人认为它是全球金融危机的并发症。

2009 年 6 月 11 日，世界卫生组织将流感大规模流行警戒级别升至最高级六级。世界卫生组织各个成员国与病毒学家一致认为，这种导致大多数患者出现轻微的类似季节性流感症状的甲型 H1N1 流感病毒，已在三大洲的 74 个国家出现人与人之间的持续传播。此次宣布流感大流行是 1968—1969 年以来的第一次，当时首先在中国香港发现的 H3N2 流感毒株造成了 70 万人死亡。这意味着甲型 H1N1 流感病毒在全世界出现广泛传播，所有国家都应当着手执行各自的疾病大流行国家防范计划，但这不意味着疫情的严重程度加剧。6 月 11 日，世界卫生组织宣布共有 74 个国家正式报告了 28774 起甲型 H1N1 流感病毒感染的病例，死亡人数为 144 人。这类病例最多的国家包括澳大利亚（1307 例）、加拿大（2446 例）、智利（1694 例）、墨西哥（6241 例）和美国（13217 例）。

为了更好地预测和控制这种传染病,请对甲型 H1N1 流感的传播建立数学模型,具体问题如下:

(1)针对原发性甲型 H1N1 流感,建立合理的模型,为预测提供足够的信息。

(2)在第一问的基础上进一步考虑甲型 H1N1 流感病毒与禽流感病毒杂交后的情况,建立改进的模型。

(3)正值全球金融危机,从具体几个方面,建立甲型 H1N1 流感对全球经济影响的数学模型,并进行预测。

(4)试给出合理的预防和控制模型,并给出适当的建议。假如甲型 H1N1 流感病毒与禽流感病毒杂交,给出你的应对方案。

4. 登革热(俗称断骨热)是一种由登革病毒引起的急性发热传染病。全球每年约有 50000 宗登革热个案,常见于热带和亚热带地区,在东南亚部分国家,登革热已成为地方性流行病。登革热通过带有登革病毒的雌性伊蚊叮咬而传染给人类,主要症状是发热、头痛、胃痛、肌肉痛或关节痛,临床表现为高热、头痛、肌肉、骨关节剧烈酸痛、皮疹、出血倾向、淋巴结肿大、白细胞计数减少、血小板减少等,是东南亚地区儿童死亡的主要原因之一。在我国主要传播媒介为白纹伊蚊(俗称花斑蚊)。2014 年 6 月,广州暴发登革热疫情,随后疫情在各地发展。截至 2014 年 10 月 21 日零时,2014 年广东全省共有 20 个地级市累计报告登革热病例 38753 例,其中重症病例 20 例,死亡病例 6 例。

登革热疫情的暴发和蔓延不仅影响着人们的日常生活,也给人类的健康带来了巨大的威胁。定量地研究登革热传染病的传播规律、预测和控制其蔓延条件,对于控制登革热疫情具有重要的作用。

为了更好地预测和控制这种传染病,请对登革热的传播建立数学模型,具体问题如下:

(1)收集 2014 年广东省的相关数据,验证模型的合理性。

(2)收集 2014 年广东省蚊媒的监测结果数据和夏秋两季的温度数据,研究登革热传播和暴发与蚊媒、温度的相关性,并由此建立合适的蚊媒密度或温度的指标参数作为登革热疫情暴发的预警信息。

第 3 章　　药物动力学模型及其数值解

药物动力学是研究药物在体内药量随时间变化规律的科学。药物动力学模型采用动力学的基本原理和数学的处理方法,结合机体的具体情况推测体内药量(或浓度)与时间的关系,估算相应的药物动力学参数并定量地描述药物在体内的变化规律。

为揭示药物在体内吸收、分布、代谢及排泄过程的定量规律,常常需要从给药后的一段时间内定期采集血液样本并测定血液中的药物浓度,再对血药浓度与时间之间的关系进行数据分析。利用常微分方程(组)这一数学工具可以建立房室模型来研究血药浓度随时间的变化规律。常见的房室模型包括单房室模型、双房室模型。下面对这两类数学模型分别说明建立模型的过程以及求解的方法。

3.1　单房室模型

最简单的房室模型是单房室模型,其基本原理如图 3-1 所示。采用单房室模型意味着可以近似地将机体看成一个动力学单元。它适用于给药后药物瞬间分布到血液、其他体液及各器官、组织中,并达成动态平衡的情况。下面就快速注射药物以及恒速静脉注射药物两种情况进行分析,讨论如何建立数学模型。

首先讨论快速注射后,药物浓度在体内的变化规律。由于快速注射使得药物直接从静脉输入,故吸收过程可忽略不计。初始时刻,房室内药物总量可视为所需给药的总剂量 D,后续不再增加。在时间 t,记房室内药物量为

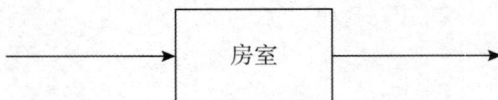

图 3-1 单房室模型示意

$x(t)$。假设房室内药量减少速率与当时的房室内药量成正比,比例系数为常数 k。因此,有下列常微分方程数学模型,可以称之为单房室药物动力学模型。

$$\begin{cases} \dfrac{\mathrm{d}x(t)}{\mathrm{d}t} = -kx(t) \\ x(0) = D \end{cases}$$

通过高等数学所介绍的分离变量法可以较为方便地求解上述常微分方程的解析表达式,也可以选择采用 Python 软件的 dsolve 命令求解微分方程的解析表达式。Python 求解的代码如下:

Python 代码 —— 求解单房室模型的解析表达式	

```from sympy import *```
```t = symbols('t')```
```x0 = symbols('D')```
```x = symbols('x', cls = Function)```
```k = symbols('k')```
```eq = diff(x(t), t, 1) + k * x(t)```
```con = {x(0): x0}```
```x = dsolve(eq, ics = con)```
```print(x)```	

运行上述 Python 程序得到体内药物剂量随时间变化函数 $x(t)$ 以及药物浓度随时间变化函数 $C(t)$ 如下:

$$\begin{cases} x(t) = D\,\mathrm{e}^{-kt} \\ C(t) = \dfrac{x(t)}{V} = \dfrac{D}{V}\,\mathrm{e}^{-kt} \end{cases}$$

其中,V 表示所研究的房室容积。

假设给药的总剂量 $D = 1\text{g}$，模拟 10h 内不同消除系数（0.1g/h、0.3g/h 以及 0.5g/h）对房室血药浓度随时间变化所产生的影响，结果如图 3-2 所示。

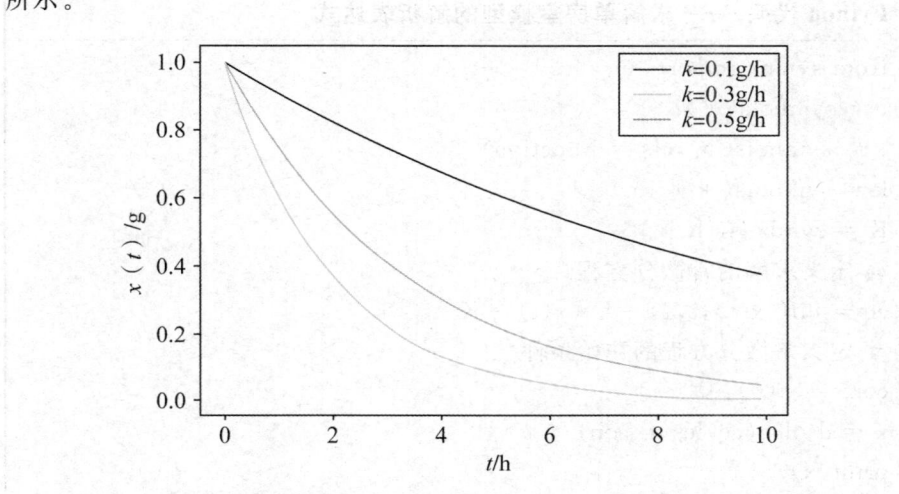

图 3-2　基于不同消除系数的房室内血药浓度变化趋势

观察图 3-2 不难发现：随着时间的推移，药物在房室内的浓度将逐渐减少，最终趋近于零。在这种情况下，通过监测患者的血样中药物浓度就可以确定出治疗时间和剂量，从而提高用药的准确性。随着消除系数的增加，血液中药物浓度的降低速度也将逐渐加快。

然后，讨论恒速静脉滴注时，药物浓度在体内的变化规律。假设药物以恒定速度 K 进入血液中，即药物进入房室的速度为 K。假设药物分解速度与当时房室内药物剂量成正比，比例系数为常数 k。在所有药物注射进入体内后，药物分解速度可参考快速给药的血药模型。初始时刻，房室内药物总量可视为零，即 $x(0) = 0$。房室内药量 $x(t)$ 随时间 t 变化的常微分方程如下：

$$\begin{cases} \dfrac{\mathrm{d}x(t)}{\mathrm{d}t} = \begin{cases} K - kx(t), t \leqslant T \\ -kx(t), t > T \end{cases} \\ x(0) = 0, x(T^-) = x(T^+) \end{cases}$$

其中，T 表示总的给药时长。

通过高等数学所介绍的分离变量法可以较为方便地求解上述常微分方

程的解析表达式,也可以选择采用 Python 软件的 dsolve 命令求解常微分方程的解析表达式。Python 软件求解解析表达式的代码如下:

Python 代码 —— 求解单房室模型的解析表达式

```
from sympy import *
t = symbols('t')
x = symbols('x', cls = Function)
k = symbols('k')
K = symbols('K')
# 定义求解的常微分方程
eq = diff(x(t), t, 1) + k * x(t) - K
# 定义常微分方程的初始条件
con = {x(0):0}
x = dsolve(eq, ics = con)
print(x)
```

运行上述 Python 程序,得到体内药物剂量随时间变化函数 $x(t)$ 以及药物浓度随时间变化函数 $C(t)$ 如下:

$$
\begin{cases}
x(t) = \begin{cases}
\dfrac{K}{k}(1 - e^{-kt}), t \leqslant T \\
\dfrac{K}{k}(1 - e^{-kT})e^{-k(t-T)}, t > T
\end{cases} \\
C(t) = \begin{cases}
\dfrac{K}{Vk}(1 - e^{-kt}), t \leqslant T \\
\dfrac{K}{Vk}(1 - e^{-kT})e^{-k(t-T)}, t > T
\end{cases}
\end{cases}
$$

上式中,V 表示所研究的房室容积。

假设给药的总剂量 $D = 1g$,药物进入房室的速率为 $K = 0.5g/h$。因此,容易计算得到药物注射时长为 $T = 2h$。模拟从药物开始注射开始 10h 内不同消除系数($0.1g/h$、$0.3g/h$ 以及 $0.5g/h$)对房室血药浓度随时间变化所产生的影响,结果如图 3-3 所示。

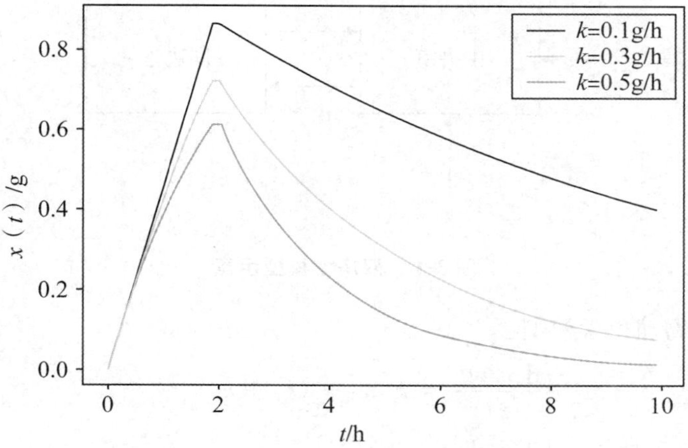

图 3-3　基于不同消除系数的房室内血药浓度变化趋势

　　观察图 3-3 不难发现:在药物注射过程中,房室内的药物浓度随着时间推移而不断增长,当药物注射完成时达到药物浓度顶峰。不同消除系数使得房室内血药浓度达到顶峰时数值不同。消除系数的数值越小,药物浓度顶峰数值越高。在药物注射完后,血药浓度随着时间的推移而不断下降,从而最终趋向于零。消除系数的数值越小,药物浓度下降速率越慢。

3.2　双房室模型

　　作为单房室模型的推广,双房室模型从动力学角度将整个机体分为两部分,分别称为中央室和周边室,其基本原理如图 3-4 所示。记 V_1 代表中央室的容积,k_1 代表药物从中央室分解的速率,k_2 和 k_3 分别代表药物从中央室到周边室和反方向的转移速率,其余符号含义与单房室模型相同。

　　首先讨论快速静脉注射后,药物浓度在体内的变化规律。快速静脉注射时,由于药物直接从静脉快速输入,吸收过程可忽略不计。设在时刻 t,中央室和周边室的药物剂量分别为 $x_1(t)$ 和 $x_2(t)$。初始时刻,中央室内药量可视为所要给药物总剂量 D,周边室的药物剂量为 0。假设每个房室分解速率与当时的房室药量成正比,可以得到下列常微分方程组数学模型,可以称之为

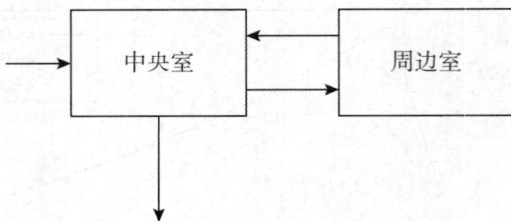

图 3-4   双房室模型示意

双房室药物动力学模型。

$$\begin{cases} \dfrac{\mathrm{d}\,x_1(t)}{\mathrm{d}t} = k_3\,x_2 - (k_1 + k_2)\,x_1 \\[2mm] \dfrac{\mathrm{d}\,x_2(t)}{\mathrm{d}t} = k_2\,x_1 - k_3\,x_2 \\[2mm] x_1(0) = D, x_2(0) = 0 \end{cases}$$

通过理论方法可以较为方便地求解上述常微分方程组的解析表达式，也可以采用 Python 软件的 dsolve 命令求解微分方程组的解析表达式，Python 代码如下所示：

Python 代码 —— 求解双房室模型的解析表达式	
from sympy import * t = symbols('t') x1,x2 = symbols('x1,x2',cls = Function) k1 = symbols('k1') k2 = symbols('k2') k3 = symbols('k3') D = symbols('D') ♯ 定义求解的常微分方程 eq = [diff(x1(t),t,1) − k3 * x2(t) + k1 * x1(t) + k2 * x1(t),diff(x2(t),t,1) − k2 * x1(t) + k3 * x2(t)] ♯ 定义常微分方程的初始条件 con = {x1(0):D,x2(0):0} x = dsolve(eq,ics = con) print(x)	

由于 Python 软件得到的解析表达式较为复杂，不在此处展示具体的结果。感兴趣的读者可以自行运行验证。同时，鼓励读者运用数学方法推导得到上述双房室模型的解析表达式。

然后，讨论恒速静脉滴注时，药物浓度在体内的变化规律。恒速静脉滴注时，药物以恒定速度 K 进入血液中，即药物进入中心室的速率为 K。当所有药物注射进入体内后，药物分解速度可参考快速给药的血药模型。初始时刻，中央室和周边室的药物剂量为 0。假设每个房室分解速率与当时的房室药量成正比，可以得到下列常微分方程组数学模型：

$$\begin{cases} \dfrac{\mathrm{d}\,x_1(t)}{\mathrm{d}t} = \begin{cases} K + k_3\,x_2 - (k_1 + k_2)x_1, t \leqslant T \\ k_3\,x_2 - (k_1 + k_2)x_1, t > T \end{cases} \\ \dfrac{\mathrm{d}\,x_2(t)}{\mathrm{d}t} = k_2\,x_1 - k_3\,x_2 \\ x_1(0) = D, x_2(0) = 0 \end{cases}$$

其中，T 表示药物剂量的给药时间。

上述数学模型的求解方法可以参考第 2 章传染病模型所介绍的数值方法，如欧拉方法、梯形方法、改进的欧拉方法等。下面将结合具体案例讲解如何建立房室模型解决实际问题。

◎ 例：据报载，2003 年全国交通事故死亡人数高达 10.4 万人。其中，因饮酒驾车造成死亡的案例占有相当大的比例。针对这种严重的交通情况，国家质量监督检验检疫局于 2004 年 5 月 31 日发布了新的《车辆驾驶人员血液、呼气酒精含量阈值与检验》国家标准。新标准规定车辆驾驶人员血液中酒精含量大于或等于 20mg/100ml，且小于 80mg/100ml 将被认定为饮酒驾车（原国家标准为小于 100mg/100ml），血液中酒精含量大于或等于 80mg/100ml 将被认定为醉酒驾车（原国家标准为大于或等于 100mg/100ml）。

某天，李先生在中午 12 点喝了 1 瓶啤酒，并于下午 6 点驾车过程遭遇警察临检。检查结果显示李先生符合新的驾车检测标准，即李先生血液中酒精含量小于 20mg/100ml。紧接着，李先生在晚饭时又喝了 1 瓶啤酒，并于凌晨 2 点驾车回家。当再次遭遇检查时，李先生被认定为饮酒驾车，即李先生血液中酒精含量大于 20mg/100ml 且小于 80mg/100ml。这使李先生既懊恼又困惑：为什么喝同样多的酒，两次检查结果不一样呢？

参考提供的数据，建立饮酒后血液酒精含量随时间变化规律的数学模型，对李先生的情况做出数学解释。分析喝 3 瓶啤酒或半斤低度白酒后，多长时间内驾车会违反新的国家标准。分别对以下情况进行分析：酒在很短时间内喝的；酒在较长一段时间（比如 2h）内喝的。

已知：人体体液占人体体重 65% 至 70%，血液只占体重 7% 左右；而药物（包括酒精）在血液的含量与在体液的含量大体一致。实验数据显示：体重约 70kg 的某人在短时间内喝下 2 瓶啤酒后，隔一定时间测量血液酒精含量，数据如表 3-1 所示。

表 3-1　酒精含量测试表

时间 /h	0.25	0.5	0.75	1	1.5	2	2.5	3	3.5	4	4.5	5
酒精含量 /(mg/100ml)	30	68	75	82	82	77	68	68	58	51	50	41
时间 /h	6	7	8	9	10	11	12	13	14	15	16	
酒精含量 /(mg/100ml)	38	35	28	25	18	15	12	10	7	7	4	

说明：本例题改编自 2004 年全国大学生数学建模竞赛 C 题，相关附件数据可以在官网历年赛题栏目进行下载（http://www.mcm.edu.cn）。

解答说明：

为能够更好地解决问题，需要掌握饮酒后酒精在体内的变化规律。

首先，酒精饮入人体后进入胃内，并随着血液循环进入体液，最后由体液分解排出体外。因此，可对原问题做出简化假设：酒精进入胃的过程中没有损失；胃内酒精仅向体液渗透，并不考虑体液中酒精反向渗透回胃内。由于体液中酒精浓度与血液中酒精浓度大体一致，可以将血液和体液看作一个整体。因此，建立数学模型时可以将胃视为一个房室，而将血液和体液视为另一个房室。

以吸收室代表胃，以中央室代表体液，转换过程如图 3-5 所示。

本题尚有一些不确定因素，如身体素质会影响人体对酒精的吸收与分解速率等。为简化原题，假设酒精从胃部向体液的转移速率以及从体液向体

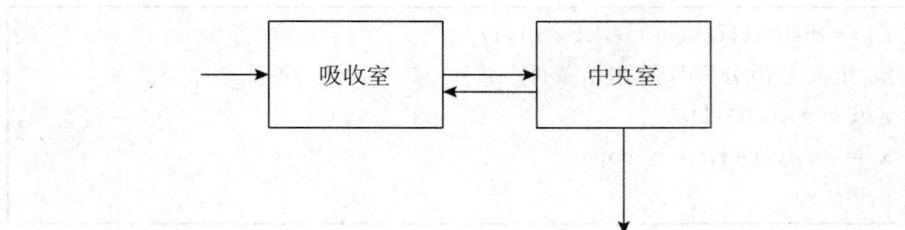

图 3-5　房室模型示意

外排出的速率分别与胃部和体液的酒精浓度成正比。

　　首先,分析短时间内饮酒的情况,讨论酒精浓度在血液中随时间的变化规律。由于快速饮酒时酒精直接进入吸收室,吸收过程可忽略不计。初始时刻,吸收室内酒精量可视为全部酒精含量 D。记吸收室在时间 t 酒精含量为 $x_1(t)$。假设酒精从吸收室向中央室渗透的速率与吸收室内酒精含量成正比,比例系数为 k_1。k_1 表示吸收室向中央室渗透的消除参数。

$$\begin{cases} \dfrac{\mathrm{d}\,x_1(t)}{\mathrm{d}t} = -\,k_1\,x_1(t) \\ x_1(0) = D \end{cases}$$

　　由于上述常微分方程的形式较为简单,可以采用分离变量法求得微分方程模型的解析表达式,得到吸收室内的酒精含量随时间变化规律的函数如下:

$$x_1(t) = D\,\mathrm{e}^{-k_1 t}$$

　　读者也可以采用 Python 软件的 dsolve 函数求解上述常微分方程。

Python 代码 —— 求解吸收室药物浓度函数的解析表达式

```
from sympy import  *
t = symbols('t')
x1 = symbols('x1',cls = Function)
k1 = symbols('k1')
D = symbols('D')
# 定义求解的常微分方程
```

```
eq = diff(x1(t),t,1) + k1 * x1(t)
♯ 定义常微分方程的初始条件
con = {x1(0):D}
x = dsolve(eq,ics = con)
print(x)
```

然后,对中央室创建微分方程模型刻画酒精浓度随时间的变化规律。中央室内酒精含量变化由以下两部分引起,即从吸收室渗透至中央室以及从中央室分解排至体外。记中央室在时间 t 的酒精含量为 $x_2(t)$,酒精浓度为 $c(t)$。假设酒精从中央室向体外分解的速率与中央室内酒精含量成正比,比例系数为 k_2。k_2 表示从中央室分解到体外的消除参数。于是,得到中央室酒精含量随时间变化的常微分方程模型如下:

$$\begin{cases} \dfrac{\mathrm{d}\,x_2(t)}{\mathrm{d}t} = k_1\,x_1(t) - k_2\,x_2(t) \\ x_2(t) = 0 \end{cases}$$

将求解得到的吸收室酒精含量解析表达式代入上述常微分方程,可整理得到中央室酒精浓度变化的常微分方程模型如下:

$$\begin{cases} \dfrac{\mathrm{d}\,x_2(t)}{\mathrm{d}t} = k_1 D\,\mathrm{e}^{-k_1 t} - k_2\,x_2(t) \\ x_2(t) = 0 \end{cases}$$

由于上述常微分方程形式较为简单,可以较为方便地求得解析表达式,得到吸收室内的酒精含量与酒精浓度随时间变化函数如下:

$$\begin{cases} x_2(t) = \dfrac{D k_1(\mathrm{e}^{-k_2 t} - \mathrm{e}^{-k_1 t})}{k_1 - k_2} \\ c(t) = \dfrac{D k_1(\mathrm{e}^{-k_2 t} - \mathrm{e}^{-k_1 t})}{V(k_1 - k_2)} \end{cases}$$

其中,V 表示中央室的体积。

读者也可以采用 Python 软件的 dsolve 函数求解上述常微分方程。

Python 代码 —— 求解吸收室药物浓度函数的解析表达式

```
from sympy import *
t = symbols('t')
x2 = symbols('x2',cls = Function)
x1 = symbols('x1')
k1 = symbols('k1')
k2 = symbols('k2')
D = symbols('D')
# 定义求解的常微分方程
eq = diff(x2(t),t,1) - k1 * D * exp(- k1 * t) + k2 * x2(t)
# 定义常微分方程的初始条件
con = {x2(0):0}
x = dsolve(eq,ics = con)
print(x)
```

　　为定量化刻画饮酒后体内酒精浓度随时间的变化规律，需要确定两个未知的模型参数 k_1、k_2。下面介绍如何根据原题提供的实验数据进行参数估计。已知每瓶啤酒的容积为 640ml，啤酒酒精度约为 4%，酒精密度为 800mg/ml，可以计算得到每瓶啤酒含有酒精量 20480mg。因此，2 瓶啤酒的酒精含量为 40960mg。已知人体体液约占体重的 65% ~ 70%，体液密度约为 1.05×10^5 mg/100ml，从而估算 70kg 的成年人体液约为 46700ml。体液中酒精浓度和血液中酒精浓度相同。

　　因此，采用最小二乘法对未知的模型参数进行估计。参数估计的非线性优化模型表达如下：

$$\langle k_1, k_2 \rangle = \operatorname{argmin} \sum_{i=1}^{23} \left[\frac{D k_1 (e^{-k_2 t_i} - e^{-k_1 t_i})}{V(k_1 - k_2)} - d_i(t_i) \right]^2$$

其中，t_i 表示表 3-1 展示的原题数据中第 i 个时刻，$d_i(t_i)$ 表示 t_i 时刻所对应的酒精浓度。对于非线性优化模型的建立与求解，可以参考《优化数学模型及其软件实现》一书。

利用 Python 软件科学计算库 scipy 优化模块 optimize 的曲线拟合命令 curve_fit 拟合两个参数,程序源代码如下所示。

Python 代码 —— 模拟体内酒精含量变化趋势

```python
import numpy as np
import matplotlib.pyplot as plt
from scipy.optimize import curve_fit
import math
# 定义拟合函数
def Pfun(t,k1,k2):
    return 40960/467 * k1/(k1 - k2) * (np.exp(- k2 * t) - np.exp(- k1 * t))
t0 = np.array([0.25,0.5,0.75,1,1.5,2,2.5,3,3.5,4,4.5,5,6,7,8,9,10,11,12,13,14,15,16])
t1 = np.arange(0,16,0.1)
d = np.array([30,68,75,82,82,77,68,68,58,51,50,41,38,35,28,25,18,15,12,10,7,7,4])
p0 = [0.1,0.2]
# 进行曲线拟合
popt,pov = curve_fit(Pfun, t0, d, p0 = p0)
plt.plot(t0,d,'*',label = '实验数据')
# 计算预测数据
y = [40960/467 * popt[0]/(popt[0] - popt[1]) * (math.exp(- popt[1] * t1[i]) - math.exp(- popt[0] * t1[i])) for i in range(len(t1))]
plt.plot(t1,y,label = '拟合曲线')
plt.xlabel('时间 /h')
plt.ylabel('酒精浓度 /(mg/100ml)')
plt.legend()
plt.show()
```

注意:除上述程序所涉及的曲线拟合命令 curve_fit 外,读者也可以借鉴第 2 章中求解 SARS 传染病模型参数的非线性优化命令 minimize 求解双房室模型的参数。

运行上述 Python 程序得到双房室微分方程模型的两个重要参数如下：$k_1 = 2.68549857$，$k_2 = 0.14738568$。整理后，得到体内酒精浓度随时间变化函数表达式如下：

$$c(t) = 92.80(\mathrm{e}^{-0.147t} - \mathrm{e}^{-2.685t})$$

将表 3-1 提供的实验数据与拟合函数的模拟数据展现在同一幅图像中，以便观察血液中酒精浓度随时间变化的发展规律以及拟合误差，结果如图 3-6 所示。

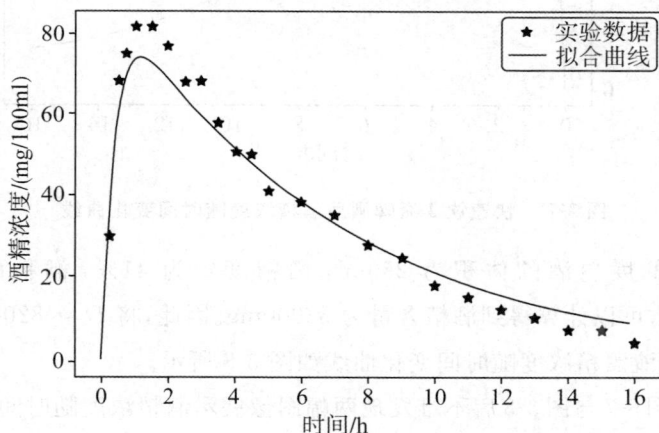

图 3-6　快速饮 2 瓶啤酒的酒精浓度拟合

观察图 3-6 不难发现：快速饮酒后，体内酒精浓度呈现先迅速增加后缓慢下降的趋势。在快速饮酒短期内，体内酒精浓度快速上升并形成酒精浓度的高峰。两类数据在判定驾驶员是否处于醉酒驾驶状态时出现些许差异：拟合数据显示酒精浓度高峰不超过 80mg/100ml，认为该驾驶员不会被判定为醉酒驾驶；实验数据显示该个体的酒精浓度高峰超过 80mg/100ml，认定该驾驶员可能被判定为醉酒驾驶。然而，两类数据在判定饮酒驾驶的时间阈值时较为接近，即体内酒精含量达到 80mg/100ml 的时间较为接近。

基于计算得到的关键参数 k_1 与 k_2，分析快速饮 3 瓶啤酒或半斤低度白酒后体内酒精浓度变化趋势。由于每瓶啤酒含有酒精量为 20480mg，3 瓶啤酒的酒精总含量为 61440mg。因此，将 $D = 61440$ 代入所建立的双房室模型，得到血液中酒精浓度随时间变化曲线如图 3-7 所示。

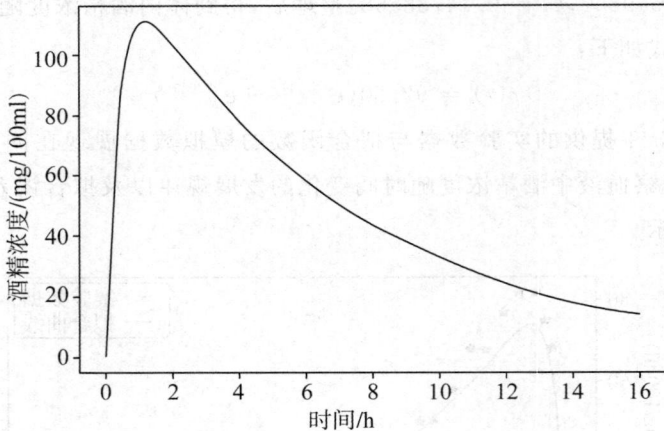

图 3-7   快速饮 3 瓶啤酒后酒精浓度随时间变化曲线

半斤低度白酒的体积为 250ml，酒精度约为 41%，酒精的密度为 800mg/ml，可以计算得到酒精含量为 82000mg。因此，将 $D = 82000$ 代入模型，得到血液酒精浓度随时间变化曲线如图 3-8 所示。

对比图 3-7 与图 3-8 后不难发现两幅图像展示酒精浓度随时间变化的趋势较为相同：血液中酒精浓度将在饮酒后短期内快速上升且形成浓度高峰，而后逐渐衰减趋向零。快速饮半斤低度白酒后达到的酒精浓度高峰超过 140mg/100ml，稍高于快速饮 3 瓶啤酒后达到的酒精浓度高峰。经过进一步计算得到：快速饮 3 瓶啤酒后 3.757h 内血液酒精浓度始终保持大于 80mg/100ml，将被认定属于醉酒驾驶；饮酒后 3.757 ~ 13.164h 内血液酒精浓度始终保持大于 20mg/100ml，将被认定属于饮酒驾驶。在快速饮半斤低度白酒后 5.716h 内血液酒精浓度始终保持大于 80mg/100ml，将被认定属于醉酒驾驶；饮酒后 5.716 ~ 15.122h 内血液酒精浓度始终保持大于 20mg/100ml，将被认定属于饮酒驾驶。

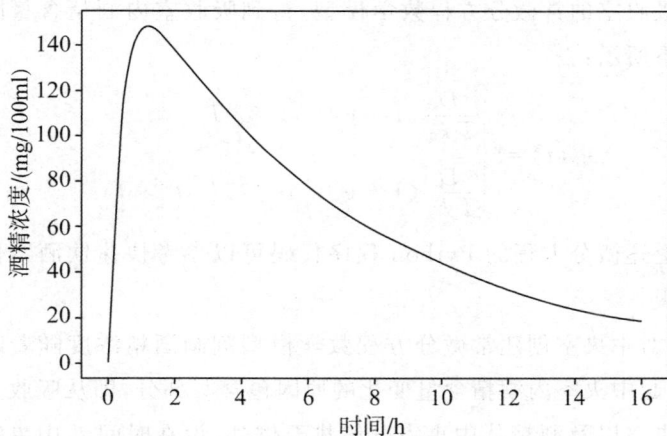

图 3-8　快速饮半斤低度白酒后酒精浓度随时间变化曲线

　　然后，讨论缓慢饮酒后血液中酒精浓度随时间的变化规律。由于缓慢饮酒过程中，酒精可视为匀速进入吸收室，可认为吸收室初始时刻酒精含量为零。因此，得到修正后吸收室内酒精含量随时间变化的数学模型如下：

$$\begin{cases} \dfrac{\mathrm{d}\,x_1(t)}{\mathrm{d}t} = f(t) - k_1\,x_1(t) \\ x_1(0) = 0 \end{cases}$$

其中，$f(t)$ 表示酒精进入吸收室的速度。

　　假设缓慢饮酒过程中酒精匀速进入吸收室，可以建立酒精进入吸收室的速度表达式如下：

$$f(t) = \begin{cases} \dfrac{D}{T}, & t \leqslant T \\ 0, & t > T \end{cases}$$

其中，T 表示饮酒时间，在本例中 $T = 2\mathrm{h}$；D 表示全部的酒精含量。

　　因此，吸收室的常微分数学模型如下：

$$\begin{cases} \dfrac{\mathrm{d}\,x_1(t)}{\mathrm{d}t} = \begin{cases} \dfrac{D}{T} - k_1\,x_1(t), & t \leqslant T \\ -k_1\,x_1(t), & t > T \end{cases} \\ x_1(0) = 0 \end{cases}$$

求解吸收室的常微分方程数学模型,得到吸收室内酒精含量随时间变化关系如下所示:

$$
x_1(t)=\begin{cases}\dfrac{D}{Tk_1}(1-\mathrm{e}^{-k_1t}),t\leqslant T\\[2ex]\dfrac{D}{Tk_1}(1-\mathrm{e}^{-k_1T})\mathrm{e}^{-k_1(t-T)},t>T\end{cases}
$$

求解上述微分方程的 Python 程序代码可以参考快速饮酒案例所提供的代码模板。

然后,对中央室创建常微分方程数学模型刻画酒精浓度随着时间变化的规律。引起中央室内酒精含量变化的原因包含两部分,即从吸收室的酒精渗透至中央室以及酒精从中央室分解排至体外。设在时间 t,中央室内酒精含量为 $x_2(t)$,酒精浓度为 $c(t)$。假设酒精从中央室向体外分解的速率与中央室内酒精含量成正比,比例系数为 k_2。k_2 表示从中央室分解到体外的消除参数。在初始时刻,中央室的酒精含量为零。于是,可得中央室酒精浓度随时间变化的常微分方程模型如下:

$$
\begin{cases}\dfrac{\mathrm{d}x_2(t)}{\mathrm{d}t}=\begin{cases}\dfrac{D}{T}(1-\mathrm{e}^{-k_1t})-k_2x_2(t),t\leqslant T\\[2ex]\dfrac{D}{T}(1-\mathrm{e}^{-k_1T})\mathrm{e}^{-k_1(t-T)}-k_2x_2(t),t>T\end{cases}\\[4ex]x_2(0)=0,x_2(T^-)=x_2(T^+)\end{cases}
$$

由于上述常微分方程形式较为简单,可以采用高等数学的知识求得酒精含量以及酒精浓度的解析表达式如下。读者也可以采用 Python 软件的 dsolve 命令求常微分方程的解析表达式,具体求解代码可以参看本章前几个案例。

$$
x_2(t)=\begin{cases}\dfrac{D(k_1\mathrm{e}^{-k_2t}+k_2\mathrm{e}^{-k_1t})}{Tk_2(k_1-k_2)}+\dfrac{D}{Tk_2},t\leqslant T\\[2ex]\dfrac{D(\mathrm{e}^{-k_1(t-T)}+\mathrm{e}^{-k_1t})}{T(k_1-k_2)}+\left[\dfrac{D(\mathrm{e}^{Tk_1}-1)}{T(k_1\mathrm{e}^{Tk_1}-k_2\mathrm{e}^{Tk_2})}+x_2(T)\right]\mathrm{e}^{-k_2(t-T)},t>T\end{cases}
$$

$$
c(t)=\begin{cases}\dfrac{D(k_1\mathrm{e}^{-k_2t}+k_2\mathrm{e}^{-k_1t})}{VTk_2(k_1-k_2)}+\dfrac{D}{VTk_2},t\leqslant T\\[2ex]\dfrac{D(\mathrm{e}^{-k_1(t-T)}+\mathrm{e}^{-k_1t})}{VT(k_1-k_2)}+\dfrac{1}{V}\left[\dfrac{D(\mathrm{e}^{Tk_1}-1)}{T(k_1\mathrm{e}^{Tk_1}-k_2\mathrm{e}^{Tk_2})}+x_2(T)\right]\mathrm{e}^{-k_1(t-T)},t>T\end{cases}
$$

其中，V 表示中央室的体积。

　　基于快速饮酒得到的模型参数 k_1 与 k_2，讨论 2h 内饮酒后血液酒精浓度随时间的变化情况。分析慢速饮 3 瓶啤酒或半斤低度白酒后，人体内酒精浓度的变化趋势。由于每瓶啤酒含有酒精量为 20480mg，三瓶啤酒的酒精含量为 61440mg。因此，将 $D = 61440$ 代入模型，得到血液酒精浓度随时间变化的曲线如图 3-9 所示。

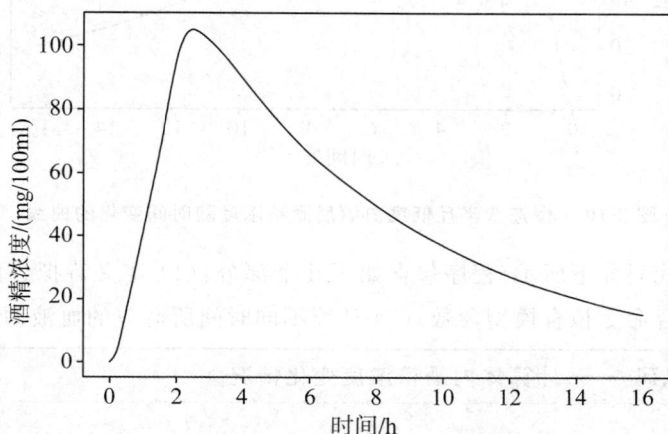

图 3-9　慢速饮 3 瓶啤酒后酒精浓度随时间变化的曲线

　　半斤低度白酒的体积为 250ml，酒精度约为 41%，酒精密度为 800mg/ml，可以计算得到含有酒精为 82000mg。因此，将 $D = 82000$ 代入模型，得到血液酒精浓度随时间变化的曲线如图 3-10 所示。

　　对比快速饮酒后血液酒精浓度变化曲线，慢速饮酒的酒精浓度高峰来得更迟些且浓度高峰值更低些。经过计算得出如下结论：在慢速饮 3 瓶啤酒后 4.782h 内血液酒精浓度始终保持大于 80mg/100ml，将被认定属于醉酒驾驶；饮酒后 4.782 ~ 14.189h 内血液酒精浓度始终保持大于 20mg/100ml，将被认定属于饮酒驾驶。在慢速饮半斤低度白酒后 6.741h 内血液酒精浓度始终保持大于 80mg/100ml，将被认定属于醉酒驾驶；饮酒后 6.741 ~ 16.147h 内血液酒精浓度始终保持大于 20mg/100ml，将被认定属于饮酒驾驶。

　　以长时间饮 3 瓶啤酒为例，Python 程序计算血液中酒精含量随时间变

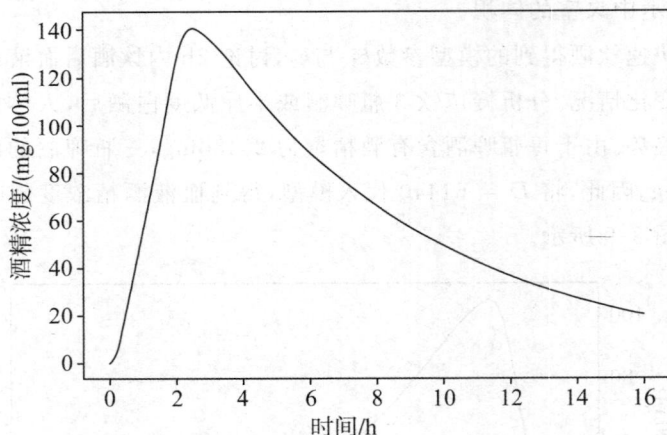

图 3-10　慢速饮半斤低度白酒后酒精浓度随时间变化的曲线

化规律的代码如下所示。程序包含如下几个部分：（1）定义待拟合函数并采用曲线拟合命令拟合模型参数。（2）计算不同时间所对应的血液酒精浓度。

Python 代码 —— 计算体内酒精浓度变化情况

```
import numpy as np
import matplotlib. pyplot as plt
from scipy. optimize import curve_fit
from math import exp
# 定义拟合函数,从题目所给数据中确定基础参数
def Pfun(t,k1,k2):
    return 40960/467 * k1/(k1 - k2) * (np. exp( - k2 * t) - np.
exp( - k1 * t))
t0 = np. array([0.25,0.5,0.75,1,1.5,2,2.5,3,3.5,4,4.5,5,6,7,8,9,
10,11,12,13,14,15,16])
t1 = np. arange(0,20,0.0001)
t = t1;
```

```
d = np.array([30,68,75,82,82,77,68,68,58,51,50,41,38,35,28,25,
18,15,12,10,7,7,4])
p0 = [0.1,0.2]
popt,pov = curve_fit(Pfun, t0, d, p0 = p0)
D = 61440
k1 = popt[0]
k2 = popt[1]
c = []
T = 2;
M = 0;
V = 467;
# 计算不同时间所对应的血液酒精浓度
for i in range(len(t1)):
    if t1[i] <= T:
        c.append((( - D * k1 * exp( - k2 * t1[i])/(T * k1 * k2 -
T * k2 * * 2) + D * exp( - k1 * t1[i])/(T * (k1 - k2))
+ D/(T * k2))/V);
            M = c[-1] * V
    else:
        t = t1[i] - T
        c.append((-D * exp(-k1 * t)/(T * (k1 - k2)) + D * exp(-
T * k1) * exp(-k1 * t)/(T * (k1 - k2)) + (D * exp(T * k1)/(T * k1
* exp(T * k1) - T * k2 * exp(T * k1)) - D/(T * k1 * exp(T * k1) -
T * k2 * exp(T * k1)) + M * T * k1 * exp(T * k1)/(T * k1 * exp(T *
k1) - T * k2 * exp(T * k1)) - M * T * k2 * exp(T * k1)/(T * k1 * exp(T * k1)
- T * k2 * exp(T * k1)))
 * exp(-k2 * t))/V)
for i in range(len(c)):
    if c[i] > 80 and c[i + 1] < 80:
        print('在长时间饮酒'+str(round(t1[i],3))+'小时内将被判
定醉酒驾驶')
    if c[i] > 20 and c[i + 1] < 20:
        print('在长时间饮酒'+str(round(t1[i],3))+'小时内将被判
定饮酒驾驶')
```

思考任务：

由于成年人体内体液含量往往处于一个变化的区间（65％ ～ 70％），并非固定常值，因此，采用固定参数进行计算会使结果存在一定程度的误差。尝试对所得到的结果进行误差分析。

采用数值方法计算饮酒后体内酒精含量的变化过程，对比解析方法得到的结果与数值方法得到的结果，分析数值计算方法产生的误差。

动力学模型不仅可以用于分析血液中药物浓度随时间变化的趋势，还可以用于分析污染物浓度在水、大气以及土壤中的演变趋势。感兴趣的读者可以自行查找相应的资料建立数学模型来分析污染物的传播问题。

讨论题：

1. 水是人类赖以生存的资源，保护水资源就是保护我们自己，对于我国大江大河水资源的保护和治理应是重中之重。专家们呼吁："以人为本，建设文明和谐社会，改善人与自然的环境，减少污染。"

长江是我国第一、世界第三大河流，长江水质的污染程度日趋严重，已引起了相关政府部门和专家们的高度重视。2004 年 10 月，由全国政协与中国发展研究院联合组织的"保护长江万里行"考察团，从长江上游宜宾到下游上海，对沿线 21 个重点城市做了实地考察，揭示了一幅长江污染的真实画面，其污染程度让人触目惊心。为此，专家们提出"若不及时拯救，长江生态 10 年内将濒临崩溃"（附件 1），并发出了"拿什么拯救癌变长江"的呼唤（附件 2）。附件 3 给出了长江沿线 17 个观测站（地区）近两年多主要水质指标的检测数据，以及干流上 7 个观测站近一年多的基本数据（站点距离、水流量和水流速）。通常认为一个观测站（地区）的水质污染主要来自本地区的排污和上游的污水。一般说来，江河自身对污染物都有一定的自然净化能力，即污染物在水环境中会通过物理降解、化学降解和生物降解等而使其在水中的浓度降低。反映江河自然净化能力的指标称为降解系数。事实上，长江干流的自然净化能力可以认为是近似均匀的，根据检测可知，主要污染物高锰酸盐指数和氨氮的降解系数通常介于 0.1 到 0.5 之间，比如可以考虑取

0.2(单位：1/ 天)。附件 4 是"1995—2004 年长江流域水质报告"给出的主要统计数据。附表是国标(GB 3838—2002)给出的《地表水环境质量标准》中 4 个主要项目标准限值,其中 Ⅰ、Ⅱ、Ⅲ 类为可饮用水。

请你们研究下列问题：

(1) 对长江近两年多的水质情况做出定量的综合评价,并分析各地区水质的污染状况。

(2) 研究、分析长江干流近一年多主要污染物高锰酸盐指数和氨氮的污染源主要在哪些地区。

说明：本题来源于 2005 年全国大学生数学建模竞赛 A 题,相关附件数据可以在官网历年赛题栏目进行下载(http://www.mcm.edu.cn)。

2. 随着城市经济的快速发展和城市人口的不断增加,人类活动对城市环境质量的影响日显突出。对城市土壤地质环境异常的查证,以及应用查证获得的海量数据资料开展城市环境质量评价,研究人类活动影响下城市地质环境的演变模式,日益成为人们关注的焦点。

按照功能划分,城区一般可分为生活区、工业区、山区、主干道路区及公园绿地区等,分别记为 1 类区、2 类区、……、5 类区,不同的区域环境受人类活动影响的程度不同。

现对某城市城区土壤地质环境进行调查。为此,将所考察的城区划分为间距 1 公里左右的网格子区域,按照每平方公里 1 个采样点对表层土(0 ～ 10cm 深度)进行取样、编号,并用 GPS 记录采样点的位置。应用专门仪器测试分析,获得了每个样本所含的多种化学元素的浓度数据。另一方面,按照 2 公里的间距在那些远离人群及工业活动的自然区取样,将其作为该城区表层土壤中元素的背景值。

附件 1 列出了采样点的位置、海拔高度及其所属功能区等信息,附件 2 列出了 8 种主要重金属元素在采样点处的浓度,附件 3 列出了 8 种主要重金属元素的背景值。

现要求你们通过数学建模来完成以下任务：

(1) 给出 8 种主要重金属元素在该城区的空间分布,并分析该城区内不同区域重金属的污染程度。

（2）通过数据分析，说明重金属污染的主要原因。

（3）分析重金属污染物的传播特征，由此建立模型，确定污染源的位置。

（4）分析你所建立模型的优缺点，为更好地研究城市地质环境的演变模式，还应收集什么信息？有了这些信息，如何建立模型解决问题？

说明：本题来源于 2011 年全国大学生数学建模竞赛 A 题，相关附件数据可以在官网历年赛题栏目下载（http://www.mcm.edu.cn）。

3. 近年来，我国 GDP 持续快速增长，但经济增长模式相对传统落后，对生态平衡和自然环境造成一定的破坏，空气污染的弊病仍然比较突出。国家能源委员会《新能源产业振兴和发展规划》等国家新能源发展战略政策的出台，说明国家已经把能源环境问题上升到国家安全级别，经济发展转型、节能减排、能源利用新途径和发展新能源等方面的问题亟待解决。一般认为影响空气质量的主要因素有 PM2.5、PM10、二氧化氮、二氧化硫、一氧化碳、臭氧、硫化氢、碳氢化合物和烟尘等，以京津冀地区为研究对象解决以下问题：

（1）参考现有国标和美标，建立衡量空气质量优劣程度等级的数学模型。

（2）查找数据并列出京津冀地区主要污染源及其污染参数，分析影响空气质量的主要污染源的性质和种类。

（3）建立单污染源空气污染扩散模型，描述其对周围空气污染的动态影响规律。现有河北省内某一工厂废气排放烟囱高 50m，主要排放物为氮氧化物。早上 9 点至下午 3 点期间的排放浓度为 406.92mg/m³，排放速度为 1200m³/h；晚上 10 点至凌晨 4 点期间的排放浓度为 1160mg/m³，排放速度为 5700m³/h。通过你的扩散模型求解该工厂方圆 51 公里分别在早上 8 点、中午 12 点、晚上 9 点的空气污染浓度分布和空气质量等级。

（4）建立多污染源空气污染扩散模型，并以汽车尾气污染源为例分析求解以下问题：北京在 2015 年 1 月 15 日已经连续三天发生重污染，假设从 16 日开始北京启动汽车单双号限行交通管制措施，求解北京市二环、四环、六环路在 16 日早上 8 点、中午 12 点、晚上 9 点时的空气污染浓度梯度变化及空气质量等级。

(5) 根据你的模型和求解结果,分析总结影响空气质量的关键参数,为京津冀地区环保部门撰写一份建议报告,给出实现"APEC 蓝天"的可行性措施和建议。

4. 肺炎支原体(mycoplasma pneumonia,MP)是介于细菌和病毒之间的已知能独立存活的一种病原微生物,肺炎支原体肺炎是由 MP 引起的急性感染。由于支原体缺乏细胞壁,治疗肺炎支原体感染以抗生素药为首选,如选用红霉素、阿奇霉素、喹诺酮类等,通常疗程为 2～4 周。近年来,随着药理学的快速发展,半衰期长的抗生素新药不断出现。应用抗生素新药时,如何选择最优化的治疗方案是临床关注的问题。

现有一医药公司新研制的抗生素,可以有效治疗肺炎支原体肺炎。药理试验表明,此抗生素新药对胃酸稳定,口服生物利用度为 75%,以成人(60kg)为例,每日用药 0.5g,单剂口服后,达峰时间为 2h,血药峰浓度为 0.43g/ml。平均血浆最小中毒浓度为(3.81±1.7)μg/ml,平均血浆最小有效浓度为(0.19±0.13)μg/ml,清除率为 9.98kg·ml/min,表观分布体积为 32.1L/kg,血浆半衰期为 39～50h。

请从用药到产生药效的主要经历过程(即药剂学过程、药代动力学过程及药效动力学过程)出发,通过机理分析方法建立数学模型,就下述几种情况,分别对成人选择最优化的治疗方案,即疗程内合理安排用药次数,使药物在人体内达到有效的血药浓度并保持最长的疗效时间,确保治疗的效果。

(1) 单剂口服用药,每日用药为 0.5g(如需要),治疗支原体肺炎的疗程为 2 周。请设计口服用药时间的最优化的治疗方案。

(2) 恒速静脉滴注用药,每日用药为 0.5g(如需要),滴注时间是 2h,一个疗程静脉滴注抗生素新药为 3.5g,治疗支原体肺炎的疗程为 2 周。请设计静脉滴注用药时间的最优化的治疗方案。

(3) 序贯疗法(先用静脉途径给药,待病情控制后、临床症状改善时,转换为口服抗生素的一种治疗方法)治疗支原体肺炎的疗程为 3 周,前 2 周恒速静脉滴注用药,每日用药为 0.5g(如需要),滴注时间是 2h,后 1 周改为单剂口服,每日用药仍为 0.5g(如需要)。请设计序贯疗法最优化的治疗方案。

5. 深圳市某地点计划建立一个中型的垃圾焚烧厂，计划处理垃圾量 1950t/d(设置三台可处理垃圾 650t/d 的焚烧炉，排烟口高度 80m，每天 24 小时运转)。从构建环境动态监控体系并根据潜在污染风险对周围居民进行合理经济补偿的需求出发，有关部门希望能综合考虑垃圾焚烧厂对周围带来环境污染以及其他危害的多种因素(例如，焚烧炉的污染物排放量、居住点离开垃圾焚烧厂的距离、风力和风向及降雨等气象条件、地形地貌以及建筑物的遮挡程度等)，在进行科学定量分析的基础上，确立一套可行的垃圾焚烧厂环境影响动态监控评估方法，并针对潜在环境风险制定出合理的经济补偿方案。

请你在收集相关资料的基础上考虑以下问题：

(1) 假定焚烧炉的排放符合国家新的污染物排放标准(参见附件 1)，根据垃圾焚烧厂周边环境设计一种环境指标监测方法，实现对垃圾焚烧厂烟气排放及相关环境影响状况的动态监控。以你设计的环境动态监控体系实际监控结果为依据，设计合理的周围居民风险承担经济补偿方案。

(2) 由于各种因素焚烧炉的除尘装置(如袋式除尘器)损坏或出现其他故障导致污染物的排放增加，致使相关各项指标将严重超标(如：烟尘浓度，二氧化硫、氮氧化物、一氧化碳、二噁英类及重金属等排放超标，附件 2 给出了一台可处理垃圾 350t/d 的焚烧炉正常运作时的在线排放监测记录)。请在考虑故障发生概率的情况下修正你设计的监测方法和补偿方案。

说明：本题来源于 2014 年"深圳杯"数学建模挑战赛 C 题，相关附件数据可以在全国大学生数学建模竞赛官网相关栏目下载(http://www.mcm.edu.cn)。

第4章　　种群关系数学模型及其数值解

在一个生态系统里,许多种群之间的互动关系可被描述成一个捕食、竞争和互利共生的生物群落,因而具有错综复杂的形态。用常微分方程组建立数学模型,可以对每一类格局的种群演变规律进行定量刻画。本章对上述的三种模式关系(捕食、竞争和互利共生),分别简介相应的数学模型。

4.1　捕食模型

意大利数学家沃特拉(Volterra)为解释第一次世界大战期间某海港鱼量的变化情况而建立了一个关于捕食鱼与被食鱼生长情形的数学模型,被人们称为 Volterra 模型。沃特拉把海洋中所有鱼群分为两类:捕食鱼与被食鱼。记时刻 t,被食鱼的总数为 $x(t)$,而捕食鱼的总数为 $y(t)$。按照两个种群的演变关系,被食鱼与捕食鱼的转移过程如图 4-1 所示。

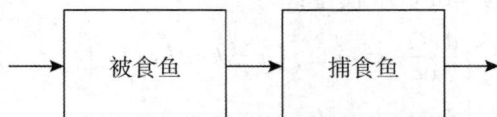

```
────▶│ 被食鱼 │────▶│ 捕食鱼 │────▶
```

图 4-1　Volterra 模型被食鱼与捕食鱼的转移过程示意

假设被食鱼所需的食物非常丰富,所以被食鱼之间的竞争并不激烈。假设被食鱼的增长速率与其自身数量成正比,比例系数为正常数 a。于是, $ax(t)$ 可以用于表示被食鱼的自然净增长率。如果不存在捕食鱼,被食鱼的数量应遵循指数规律增长。然而,捕食鱼的存在使得被食鱼数量的增长率有所下降。设单位时间内捕食鱼捕食被食鱼的数量为 $bx(t)y(t)$，b 为正常数。

因此，得到被食鱼数量变化规律的常微分方程如下所示：

$$\frac{\mathrm{d}x(t)}{\mathrm{d}t} = ax(t) - bx(t)y(t)$$

同理，沃特拉认为捕食鱼之间存在食物竞争关系，捕食鱼的自然减少率与捕食鱼的数目 $y(t)$ 成正比，比例系数为正常数 c。捕食鱼的自然增加率与捕食鱼的数量以及食物被食鱼数量成正比，比例系数为正常数 d。于是，$dx(t)y(t)$ 可以反映被食鱼对捕食鱼的供养能力。

因此，得到捕食鱼数量变化规律的常微分方程如下所示：

$$\frac{\mathrm{d}y(t)}{\mathrm{d}t} = -cy(t) + dx(t)y(t)$$

综上所述，双种群捕食模式的常微分方程组数学模型如下所示：

$$\begin{cases} \dfrac{\mathrm{d}x(t)}{\mathrm{d}t} = x(t)\big[a - by(t)\big] \\[2mm] \dfrac{\mathrm{d}y(t)}{\mathrm{d}t} = y(t)\big[-c + dx(t)\big] \\[2mm] x(0) = x_0, y(0) = y_0 \end{cases}$$

其中，x_0 以及 y_0 表示初始时刻被食鱼以及捕食鱼的数量。

上述数学模型反映若不存在人类捕鱼活动的前提下，捕食鱼与被食鱼应遵循的规律，被称为 Volterra 被捕食 — 捕食模型。

若考虑渔民捕捞能力，捕捞系数为常数 k。于是，$kx(t)$ 以及 $ky(t)$ 分别表示单位时间内被食鱼和捕食鱼因捕捞而减少的数量。因此，上述模型可以修正为带捕捞项的 Volterra 模型：

$$\begin{cases} \dfrac{\mathrm{d}x(t)}{\mathrm{d}t} = x(t)\big[a - k - by(t)\big] \\[2mm] \dfrac{\mathrm{d}y(t)}{\mathrm{d}t} = y(t)\big[-c - k + dx(t)\big] \end{cases}$$

定义 $a_1 \triangleq a - k$ 以及 $c_1 \triangleq c + k$，上述常微分方程组数学模型可以化简成如下形式：

$$\begin{cases} \dfrac{\mathrm{d}x(t)}{\mathrm{d}t} = x(t)\big[a_1 - by(t)\big] \\[2mm] \dfrac{\mathrm{d}y(t)}{\mathrm{d}t} = y(t)\big[-c_1 + dx(t)\big] \end{cases}$$

由于带捕捞项的 Volterra 模型与经典的 Volterra 模型结构形式极为相似，所以只需要考虑经典的 Volterra 模型即可。在上述模型中，将第二个方程与第一个方程的等式两边相除得到

$$\frac{\mathrm{d}y}{\mathrm{d}x} = \frac{-c+dx}{x}\frac{y}{a-by}$$

由于上述微分方程的形式并不复杂，利用分离变量法可以求得第一象限内（保证原问题的实际意义，捕食鱼与被食鱼的数量均大于零）的解析表达式如下：

$$a\ln y - by + c\ln x - dx = G$$

这里 G 为任意常数。

进一步整理化简得第一象限的解族曲线为

$$\frac{y^a}{\mathrm{e}^{by}}\frac{x^c}{\mathrm{e}^{dx}} = \mathrm{e}^G$$

设置 $a=0.2, b=0.01, c=0.3, d=0.01$，且初始时刻 $x(0)=100$，$y(0)=100$，采用 Python 软件的数值计算 odeint 函数模拟 Volterra 模型捕食鱼与被食鱼的数量变化过程。Python 代码如下所示：

Python 代码 —— 数值模拟 Volterra 模型

```python
from scipy.integrate import odeint
import numpy as np
import matplotlib.pyplot as plt
plt.rc('font',family='SimHei')
# 定义需要求解的微分方程组
def SIRfun(y,x):
    y1,y2 = y;
    a = 0.2;
    b = 0.01;
    c = 0.3;
    d = 0.01;
    return np.array([y1*(a-b*y2),y2*(-c+d*y1)])
x = np.arange(0,200,1)
```

```
# 运行微分方程数值解的函数命令
solution = odeint(SIRfun,[100,100],x)
# 绘制人群变化趋势图
plt.plot(x,solution[:,0],label = '被食鱼')
plt.plot(x,solution[:,1],label = '捕食鱼')
plt.xlabel('时间 / 天',fontsize = 12)
plt.ylabel('数量',fontsize = 12)
plt.legend()
plt.show()
# 绘制相轨线曲线
plt.plot(solution[:,1],solution[:,0])
plt.xlabel('$x(t)$ 数量',fontsize = 12)
plt.ylabel('$y(t)$ 数量',fontsize = 12)
plt.show()
```

模拟 200 天内,捕食鱼与被食鱼的数量随时间变化规律如图 4-2 所示,两种鱼类之间的相轨线如图 4-3 所示。

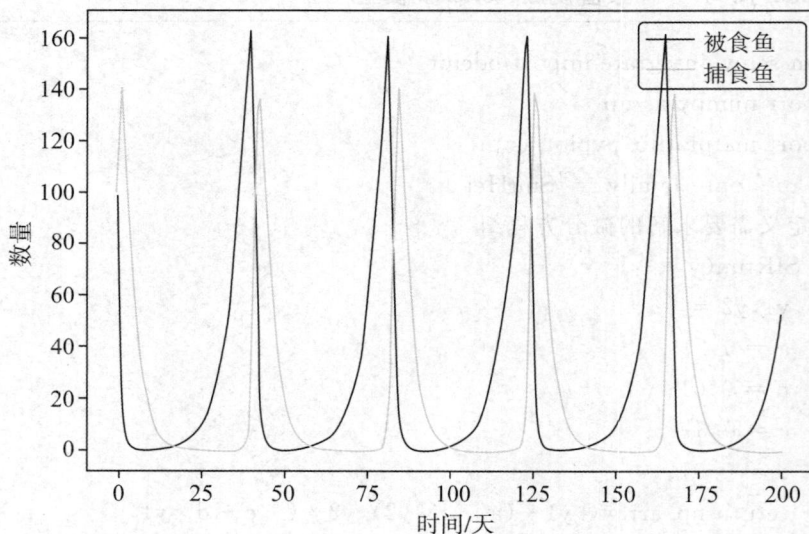

图 4-2　捕食鱼与被食鱼数量变化关系

从图 4-2 中不难发现,被食鱼和捕食鱼的数量在一段时间内呈现周期性变化。捕食鱼的数量变化规律滞后于被食鱼的数量变化关系,从侧面说明被食鱼对捕食鱼的供养能力。当被食鱼大量增加时,捕食鱼的食物变多,从而使得捕食鱼的数量开始增加。当捕食鱼数量下降时,被食鱼的数量开始增加,从此周而往复。

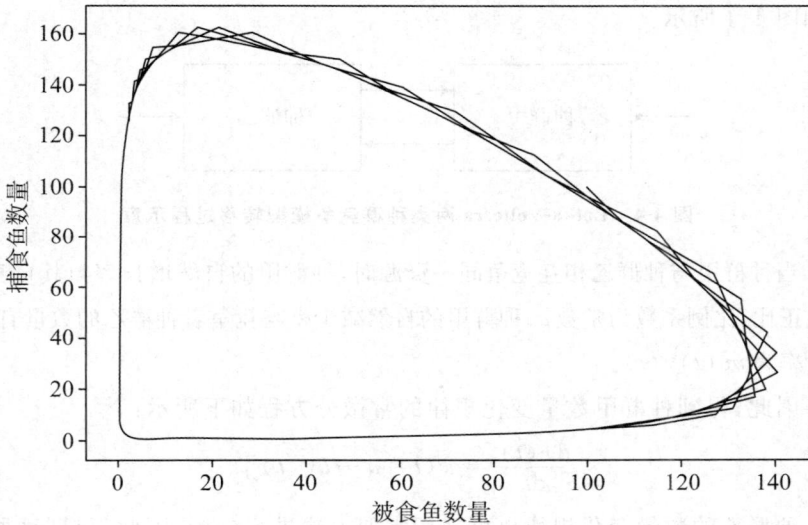

图 4-3　捕食鱼与被食鱼相轨线

尽管 Volterra 模型可以解释一些现象,但是它作为近似反映现实对象的一个数学模型,必然存在不少局限性。如许多生态学家指出,多数捕食 — 被食系统都观察不到 Volterra 模型显示的那种周期震荡,而是趋向某种平衡状态,即系统存在稳定平衡点。实际上,只要在 Volterra 模型中加入考虑自身阻滞作用的 logistic 项,就可以模拟这一现象。另外,一些生态学家认为自然界里长期存在的呈周期变化的生态系应该是结构稳定的,生态系统受到不可避免的干扰后,其内部制约作用会使系统自动恢复到原来的状态,而 Volterra 模型描述的周期变化状态却不是结构稳定的,而为了得到反映周期变化的结构稳定的模型,要用到极限环的概念。

4.2　竞争模型

竞争模型对甲、乙两类种群开展竞争模式后的数量变化关系进行分析。记时刻 t，种群甲与种群乙的数量分别为 $x(t)$、$y(t)$。种群甲与种群乙转移过程如图 4-4 所示。

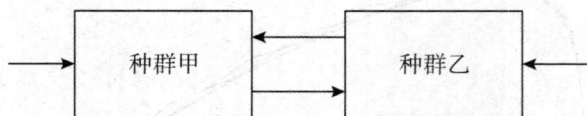

图 4-4　Lotka-Volterra 两类种群竞争模型转移过程示意

当种群甲与种群乙相互竞争同一资源时，种群甲的自然增长率与其自身数量成正比，比例系数为常数 a；种群甲的自然减少率与竞争者种群乙的数量有关，减少率为 $bx(t)y(t)$。

因此，得到种群甲数量变化规律的常微分方程如下所示：

$$\frac{\mathrm{d}x(t)}{\mathrm{d}t} = x(t)\left[a - by(t)\right]$$

种群乙的数量变化规律也可采用类似方法进行分析。因此，得到种群乙数量变化规律的常微分方程如下所示：

$$\frac{\mathrm{d}y(t)}{\mathrm{d}t} = y(t)\left[c - dx(t)\right]$$

综上所述，竞争模式的常微分方程组数学模型如下所示：

$$\begin{cases} \dfrac{\mathrm{d}x(t)}{\mathrm{d}t} = x(t)\left[a - by(t)\right] \\[2mm] \dfrac{\mathrm{d}y(t)}{\mathrm{d}t} = y(t)\left[c - dx(t)\right] \\[2mm] x(0) = x_0, y(0) = y_0 \end{cases}$$

其中，x_0 和 y_0 表示初始时刻种群甲和种群乙的数量。

上式中，系数 a、b、c、d 均为正数。若系数 b、d 为负数，则表示两类种群之间为互相促进、互为依赖的关系。当两类种群相互共生时，种群甲的增长率将由两部分组成：自身的自然增长率以及种群乙促使种群甲增长的增长率。

此时,上述常微分方程组模型便成为共生模型。

不失一般化,可用下列常微分方程组(统称为 Lotka-Volterra 模型)表示相互影响的种群甲与种群乙的生长情况。

$$
\begin{cases}
\dfrac{\mathrm{d}x(t)}{\mathrm{d}t} = x(t)\big[a + bx(t) + cy(t)\big] \\[2mm]
\dfrac{\mathrm{d}y(t)}{\mathrm{d}t} = y(t)\big[d + ex(t) + fy(t)\big] \\[2mm]
x(0) = x_0, y(0) = y_0
\end{cases}
$$

系数 a、b、c、d、e 与 f 为常数,系数决定两类种群的相互依赖或相互制约的关系。系数 a、d 分别表示两类种群在无干扰下的自然增长或减少。系数 b、f 分别表示两类种群在自身增长率上的作用。系数 c、e 均表示一类种群在另一类种群增长率上的作用,常称为双物种群居系数。若系数 c、e 均为正,说明两类种群属于互惠关系;若系数均为负,说明两类种群相互捕食现象发生或对共需资源发生竞争;若系数一正一负,说明一类种群是另一类种群的食物。两类种群之间的关系由系数符号的正负性分为共生、竞争、被捕食 — 捕食等类型。更一般的双种群系统可表示为如下形式:

$$
\begin{cases}
\dfrac{\mathrm{d}x(t)}{\mathrm{d}t} = M(x,y)x(t) \\[2mm]
\dfrac{\mathrm{d}y(t)}{\mathrm{d}t} = N(x,y)y(t) \\[2mm]
x(0) = x_0, y(0) = y_0
\end{cases}
$$

其中 $M(x,y)$、$N(x,y)$ 为相对于 $x(t)$ 和 $y(t)$ 的增长率。

在双种群 Lotka-Volterra 模型中,方程的右边都有非线性项。因此,这是一个非线性常微分方程组模型,相关问题的讨论也会更加复杂。该常微分方程组可以利用近似方法求得数值解。

设置 $a = 0.02$,$b = -0.001$,$c = 0$,$d = 0.01$,$e = -0.003$,$f = 0$,初始时刻 $x(0) = 100$,$y(0) = 100$,采用 Python 软件的数值计算 odeint 函数模拟双种群 Lotka-Volterra 模型中种群总数的变化过程,结果如图 4-5 所示。

从图 4-5 不难发现:随着时间推移,种群甲与种群乙的数量都呈现下降趋势。说明种群之间存在抑制作用,可以说明两类物种属于竞争关系。

下面我们利用系统在平衡点处的线性近似系统,对 Lotka-Volterra 模

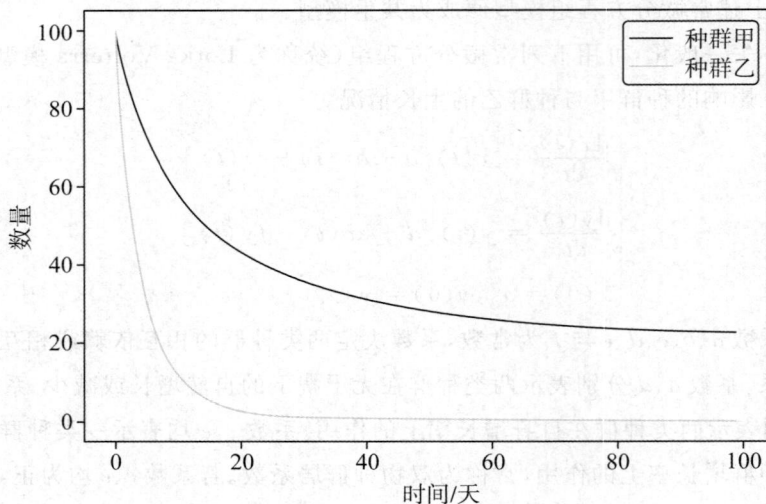

图 4-5 双种群竞争关系中数量变化关系

型进行讨论。

$$\begin{cases} \dfrac{\mathrm{d}x(t)}{\mathrm{d}t} = x(t)[a + bx(t) + cy(t)] \\[2mm] \dfrac{\mathrm{d}y(t)}{\mathrm{d}t} = y(t)[d + ex(t) + fy(t)] \end{cases}$$

由稳定状态下 $\dfrac{\mathrm{d}x(t)}{\mathrm{d}t} = 0$ 以及 $\dfrac{\mathrm{d}y(t)}{\mathrm{d}t} = 0$ 得到以下方程组：

$$\begin{cases} x(t)[a + bx(t) + cy(t)] = 0 \\ y(t)[d + ex(t) + fy(t)] = 0 \end{cases}$$

求解上述方程组可以得到 Lotka-Volterra 模型的四个平衡点：

$$(0,0), \left(0, -\frac{d}{f}\right), \left(-\frac{a}{b}, 0\right), \left(-\frac{-af + cd}{bf - ce}, \frac{-bd + ae}{bf - ce}\right)$$

假定 $f \neq 0, b \neq 0, bf - ce \neq 0$，前三个平衡点暗示着在竞争关系中至少有一类种群将走向灭绝。

下面我们讨论最后一个平衡点处的情况。根据实际意义，该平衡点必须为正平衡点，需要系数满足如下条件：

$$\begin{cases} (af - cd)(bf - ce) > 0 \\ (ae - bd)(bf - ce) > 0 \end{cases}$$

如果 $bf-ce>0$ 且 $(cd-af)+f(ae-bd)<0$，则该平衡点渐近稳定，即此时系统的解 $(x(t),y(t))$ 会随着时间的推移稳定趋于该平衡点。

事实上，如果做出如下变换 $\begin{cases} u(t)=x(t)-x^* \\ v(t)=y(t)-y^* \end{cases}$，则系统可线性化为如下形式：

$$\begin{cases} \dfrac{\mathrm{d}u(t)}{\mathrm{d}x}=x^*bu(t)+x^*cv(t) \\[2mm] \dfrac{\mathrm{d}v(t)}{\mathrm{d}x}=y^*eu(t)+x^*fv(t) \end{cases}$$

特别对于 $b<0,e<0$ 的密度制约系统，正平衡点一定渐近稳定。进一步可以证明在此条件下系统不存在周期解。

4.3　战争模型

我们可以将竞争模型推广到战争模型。早在第一次世界大战期间，兰彻斯特(F. W. Lanchester)就提出了几个预测战争结局的数学模型，其中包括：作战双方均为正规部队；作战双方均为游击队；作战的一方为正规部队，另一方为游击队。后来，人们对这些模型做了改进和进一步的解释，用以分析历史上一些著名的战争，如第二次世界大战中的美日硫黄岛之战和 1975 年的越南战争。影响战争胜负的因素有很多，兵力的多少以及战斗力的强弱是两个主要的因素。士兵的数量会随着战争的进行而减少，这种减少可能是因为阵亡、负伤与被俘，也可能是因为疾病。分别称之为战斗减员与非战斗减员。士兵的数量也可随着增援部队的到来而增加。从某种意义上来说，当战争结束时，如果一方的士兵人数为零，那么另一方就取得了胜利。如何定量地描述战争中相关因素之间的关系呢？比如，如何描述增加士兵数量与提高士兵素质之间的关系？

首先，讨论正规战争的情况。假设甲方士兵的战斗减员仅与乙方士兵的人数有关。记 t 时刻，甲方和乙方的士兵数量分别为 $x(t)$ 和 $y(t)$。甲方士兵战斗减员率为 $ay(t)$，a 表示乙方每个士兵的杀伤率。乙方士兵战斗减员率为 $bx(t)$，b 表示甲方每个士兵的杀伤率。双方的非战斗减员率仅与本方兵力成正比,减员率分别为 α 与 β。双方的兵力增员率分别为 $u(t)$ 和 $v(t)$。

由此,可以得到两方的数量变化规律表达式如下:

$$\begin{cases} \dfrac{\mathrm{d}x}{\mathrm{d}t} = -ay - \alpha x + u(t) \\ \dfrac{\mathrm{d}y}{\mathrm{d}t} = -bx - \beta y + v(t) \end{cases}$$

如果双方均没有增援与非战斗减员,上述常微分方程组可以化简如下:

$$\begin{cases} \dfrac{\mathrm{d}x}{\mathrm{d}t} = -ay \\ \dfrac{\mathrm{d}y}{\mathrm{d}t} = -bx \\ x(0) = x_0, y(0) = y_0 \end{cases}$$

其中, x_0 和 y_0 表示初始时甲乙双方的兵力人数。

将上述描述甲乙双方兵力变化率的方程相除,得到以下表达式:

$$\frac{\mathrm{d}y}{\mathrm{d}x} = \frac{bx}{ay}$$

分离变量并积分后得到

$$a(y^2 - y_0^2) = b(x^2 - x_0^2)$$

定义 $k = a y_0^2 - b x_0^2$,则有 $a y^2 - b x^2 = k$。

当 $k = 0$,甲乙双方打成平局。当 $k > 0$ 时,乙方获胜。当 $k < 0$ 时,甲方获胜。

以上是研究双方之间兵力的变化关系。下面将讨论每方的兵力随时间的变化关系。战争模型的常微分方程变量同时对 t 进行求导,得到

$$\frac{\mathrm{d}^2 x}{\mathrm{d} t^2} = -\frac{a \mathrm{d}y}{\mathrm{d}t} = abx$$

基于初始条件 $x(0) = x_0$ 以及 $\dfrac{\mathrm{d}x}{\mathrm{d}t}\Big|_{t=0} = -a y_0$,求解微分方程可以得到甲方兵力人数随时间变化的解析表达式如下:

$$x(t) = x_0 \mathrm{ch}(\sqrt{ab}\, t) - \sqrt{\frac{a}{b}}\, y_0 \mathrm{sh}(\sqrt{ab}\, t)$$

同理,也可以求得乙方兵力人数随时间的变化规律如下:

$$y(t) = y_0 \mathrm{ch}(\sqrt{ab}\,t) - \sqrt{\frac{a}{b}}\, x_0 \mathrm{sh}(\sqrt{ab}\,t)$$

设置参数 $x_0 = 1000$，$y_0 = 800$，$a = 0.018$ 和 $b = 0.023$ 后，模拟 50 天内的双方兵力变化状况如图 4-6 所示。

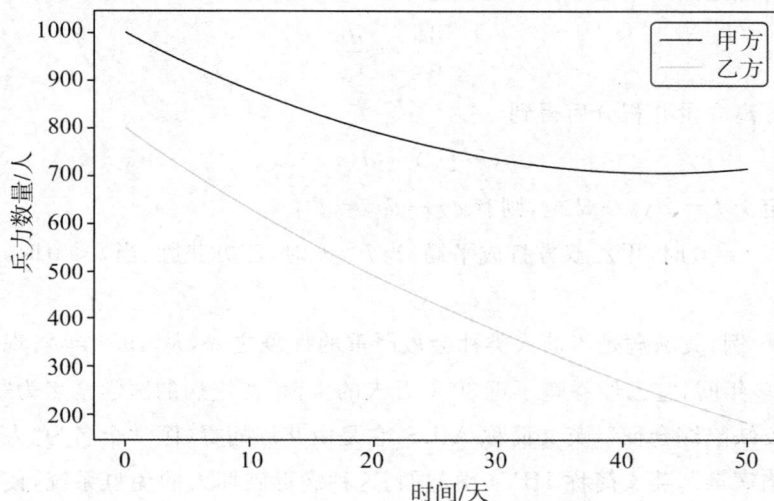

图 4-6　双种群战争中双方兵力变化状况

然后，讨论游击战争的情况。乙方士兵看不见甲方士兵，而甲方士兵在某个区域内活动。乙方士兵向该活动区域进行射击。此时，甲方士兵的战斗减员不仅与乙方士兵人数有关，也随着甲方兵力增加而增加。在一个有限的区域内，士兵人数越多，被杀伤的可能性也越大。假设甲方士兵的战斗减员率为 $cx(t)y(t)$，c 为乙方战斗效果系数。乙方士兵的战斗减员率为 $dx(t)y(t)$，d 为甲方战斗效果系数。

由此，可以得到两方的数量变化规律表达式如下：

$$\begin{cases} \dfrac{\mathrm{d}x}{\mathrm{d}t} = -cxy - ay + u(t) \\ \dfrac{\mathrm{d}y}{\mathrm{d}t} = -dxy - \beta y + v(t) \end{cases}$$

如果双方均没有增援与非战斗减员，上述常微分方程组可以化简如下：

$$\begin{cases} \dfrac{\mathrm{d}x}{\mathrm{d}t} = -cxy \\[2mm] \dfrac{\mathrm{d}y}{\mathrm{d}t} = -dxy \end{cases}$$

将上述描述甲乙双方兵力变化率的方程相除,得到以下表达式:

$$\frac{\mathrm{d}y}{\mathrm{d}x} = \frac{d}{c}$$

分离变量并积分后得到

$$c(y - y_0) = d(x - x_0)$$

定义 $l = c y_0 - d x_0$,则有 $cy - dx = l$。

当 $l = 0$ 时,甲乙双方打成平局。当 $l > 0$ 时,乙方获胜。当 $l < 0$ 时,甲方获胜。

◉ **例**:艾滋病是当前人类社会最严重的瘟疫之一,从 1981 年发现以来的 20 多年间,它已经吞噬了近 3000 万人的生命。艾滋病的医学全名为"获得性免疫缺陷综合征",英文简称 AIDS,它是由艾滋病毒(医学全名为"人体免疫缺陷病毒",英文简称 HIV)引起的。这种病毒破坏人的免疫系统,使人体丧失抵抗各种疾病的能力,从而严重危害人的生命。人类免疫系统的 CD4 细胞在抵御 HIV 的入侵中起着重要作用,当 CD4 被 HIV 感染而裂解时,其数量会急剧减少,HIV 将迅速增加,导致 AIDS 发作。艾滋病治疗的目的,是尽量减少人体内 HIV 的数量,同时产生更多的 CD4,至少要有效地降低 CD4 减少的速度,以提高人体免疫能力。迄今为止,人类还没有找到能根治 AIDS 的疗法。目前,一些 AIDS 疗法不仅对人体有副作用,而且成本也很高。许多国家和医疗组织都在积极试验、寻找更好的 AIDS 疗法。

现在得到了美国艾滋病医疗试验机构 ACTG 公布的两组数据。ACTG320 是同时服用 zidovudine(齐多夫定)、lamivudine(拉美夫定)和 indinavir(茚地那韦)3 种药物的 300 多名病人每隔几周测试的 CD4 和 HIV 的浓度(每毫升血液里的数量)。193A 是将 1300 多名病人随机地分为 4 组,每组按下述 4 种疗法中的一种服药,大约每隔 8 周测试的 CD4 浓度(这组数据缺 HIV 浓度,它的测试成本很高)。4 种疗法的日用药分别为:600mg zidovudine 或 400mg didanosine(去羟基苷),这两种药按月轮换使用;600mg zidovudine 加 2.25mg zalcitabine(扎西他滨)；600mg zidovudine 加 400mg didanosine；600mg zidovudine 加 400mg didanosine，再加 400mg nevirapine(奈韦拉平)。

完成以下问题：利用附件的数据，预测继续治疗的效果，或者确定最佳治疗终止时间(继续治疗指在测试终止后继续服药，如果认为继续服药效果不好，则可选择提前终止治疗)。利用附件的数据，评价 4 种疗法的优劣(仅以 CD4 为标准)，并对较优的疗法预测继续治疗的效果，或者确定最佳治疗终止时间。

说明：本题来源于 2006 年全国大学生数学建模竞赛 A 题，相关附件数据可以在官网历年赛题栏目下载(http://www.mcm.edu.cn)。

解答说明：

资料显示：CD4 细胞与 HIV 病毒基本呈现此消彼长的变化态势。因此，可以用双种群竞争模型解释双方数量的变化规律。以 $x_1(t)$ 与 $x_2(t)$ 表示在 t 时刻双方的数量。记 HIV 病毒对 CD4 细胞的杀伤率为常数 b，CD4 细胞对 HIV 病毒的杀伤率为常数 c。于是，CD4 细胞的减少率可以表示为 $bx_2(t)$，HIV 病毒的减少率可以表示为 $cx_1(t)$。

假设 CD4 细胞和 HIV 病毒的自然增长率与其自身数量成正比，比例系数分别为 α 和 β。由此，可以用以下竞争模型描述两类种群数量变化关系。

$$\begin{cases} \dfrac{\mathrm{d}x_1}{\mathrm{d}t} = \alpha x_1 - b x_2 \\ \dfrac{\mathrm{d}x_2}{\mathrm{d}t} = -c x_1 + \beta x_2 \end{cases}$$

可以利用 Python 软件的 dsolve 命令求解上述微分方程组的解析表达式，代码如下：

Python 代码 —— 求常微分方程组的解析表达式

```
from sympy import  *
t = symbols('t')
a,b,c,d = symbols('a,b,c,d')
x,y = symbols('x,y',cls = Function)
x0,y0 = symbols('x0,y0')
# 输入需要求解的微分方程
eq = [diff(x(t),t,1) − a * x(t) + b * y(t),diff(y(t),t,1) − c * x(t)
+ d * y(t)]
# 输入需要求解的微分方程初值条件
con = {x(0):x0,y(0):y0}
# 调用 dsolve 命令求解微分方程
f = dsolve(eq,ics = con)
print(f)
```

得到 CD4 细胞与 HIV 细胞函数式后,可以用参数拟合方式获得模型参数 α、b、c、β。

讨论题:

1. 只有不到 1% 的海底被珊瑚覆盖。然而,25% 的海洋生物多样性在这些领域中得到了支持。因此,自然资源保护主义者担心:当珊瑚消失了,该地区的生物多样性此后不久就会消失。

在菲律宾吕宋岛的一条狭窄海峡上的一个地区以及位于波利南奥的圣地亚哥岛,那里曾经充满了珊瑚礁和广泛的物种。该地区曾经有丰富的生物多样性。20 世纪 90 年代引入商业化养殖遮目鱼以后,这个曾经拥有大量物种的地区产生了戏剧性的物种下降趋势。曾经生活着活珊瑚的地方都变成了泥地,野生鱼都因为过度捕捞和丧失生存环境而濒临灭绝。虽然为该地区提供足够的食物很重要,但找到一个可以使自然生态系统继续繁荣的方法同样重要,也就是需要建立一个理想的混养系统,从而代替目前单一的遮目鱼养殖。最终的目标是发展一套水产养殖方法,不仅满足当地居民的经济需求和营养需求,同时也改善当地的水质,使得活珊瑚可以重新回到这个区域的海底,并且与养殖厂和谐相处。

一个理想的混养方案是多种经济作物一起养殖,并且一种物种产生的废物是另一种物种的食物。为了实现建模,在这个动物多样性的环境中,可以将这些生物有机体划分为掠食性鱼类、草食性鱼类、软体动物、甲壳类动物、棘皮类动物和藻类。也可以分为初级生产者、滤食性生物、沉积物摄食者、食草动物和捕食者。与陆地上一样,大多数食肉动物吃食草动物或者更小的食肉动物。但在海洋中,它们也可以吃一些滤食性和沉淀物摄食者。大多数动物有 $10\% \sim 20\%$ 的摄入食物的转化率,它们摄取的 $80\% \sim 90\%$ 的能量最终作为废物从一种形式转变为另一种形式。

珊瑚在这个生物多样性环境中的作用主要是将空间进行分割,允许物种聚集,并通过给每个物种在狭小空间内的生活环境,使得水生生物在这种环境中共存。珊瑚也提供一定量的滤食性生物 —— 一种可以清洁水体的生物。一个区域能够维持珊瑚的存在需要很多方面的条件,其中最重要的便是水质。例如,Bolinao 地区的水可以让珊瑚生存和繁殖。那里的水每毫升包含 50 万 $\sim$ 100 万个细菌,每升包含 $0.25\mu g$ 的叶绿素(一种浮游生物)。目前的水质平均要超过每毫升 1000 万个细菌和每升 $15\mu g$ 的叶绿素。从遮目鱼养殖厂投放的大量营养物质促使海藻大量繁殖,填塞了珊瑚的生长空间,而遮目鱼养殖厂造成的大量颗粒涌入降低了珊瑚进行光合作用的能力。因此,珊瑚幼虫增长的基础是建立一个可接受的水质系统。对于珊瑚的其他危险,包括由大气中的二氧化碳导致的海洋酸度的增加、由全球气候变暖导致的海洋温度的增加,这些都可以被认为是二级威胁,我们将不在这个问题上进行特别的处理。

这个问题的挑战是建立一个可行的混养系统,以取代目前单一的遮目鱼养殖系统。目的是充分提高水的质量,使得珊瑚可以在这个区域生存和繁殖。您的混养方案应该是在经济上节约、环保,并且在短期和长期时间范围内都是可行的。

说明:本题来源于 2009 年国际大学生数学建模竞赛 C 题,相关附件数据可以在竞赛官网历年赛题栏目下载(http://www.comap.com)。

2. 不同植物物种对应激有不同的反应方式。例如,草原对干旱非常敏感。干旱发生的频率和严重程度各不相同。众多观察结果表明，不同物种的存在数量在植物群落面对连续几代的干旱循环时发挥了重要作用。在一些只有一种植物物种的群落中，接下来的几代植物并没有像多种物种的群落中的个体那样适应干旱条件。这些观察结果引发了许多问题。例如，植物群落中最少需要多少种物种才能从这种局部生物多样性中获益？随着物种数量的增加，这种现象如何扩展？这对植物群落的长期生存能力意味着什么？

要求考虑到干旱适应性与植物群落中物种数量的关系，探索并更好地理解这一现象。具体来说，建立一个数学模型预测植物群落在各种不规则的天气周期中如何随时间变化。该模型应考虑到干旱周期中不同物种之间的相互作用。就植物群落与大环境的长期相互作用，探讨能从模型中得出什么结论。请考虑以下问题。

（1）一个区域需要多少种不同的植物物种才能受益？随着物种数量的增加会发生什么？

（2）区域中的物种类型如何影响你的结果？

（3）在未来的天气周期中，干旱发生的频率更高，范围更广，这会有什么影响？如果干旱发生的频率降低，物种的数量对植物群落的影响是否相同？

（4）污染和栖息地减少等其他因素如何影响你的结论？

（5）你的模型表明，为确保一个植物群落的长期生存能力，应该做些什么？对大环境有什么影响？

说明：本题来源于 2023 年国际大学生数学建模竞赛 A 题，相关附件数据可以在竞赛官网历年赛题栏目下载（http://www.comap.com）。

3. 虽然许多物种在出生时的性别比例为 1∶1，但有些物种的性别比例并不均匀。这被称为性别比例的适应性变化。例如，美洲短吻鳄孵化卵的巢穴的温度会影响其出生时的性别比例。

在一些湖泊栖息地，七鳃鳗被视为对生态系统有重大影响的寄生虫，而在世界的一些地区它也是人们的食物来源，如斯堪的纳维亚、波罗的海以及太平洋西北部的一些土著民族的北美。

七鳃鳗的性别比例可能因外部环境而异。七鳃鳗变成雄性或雌性取决于它们在幼虫阶段的生长速度。这些幼虫的生长速度受到食物供应的影响。

在食物供应率较低的环境中,雄性的比例可达到约 78%。在食物更容易获得的环境中,雄性的比例约为 56%。

七鳃鳗生活在湖泊或海洋的栖息地,并迁移到河流上产卵。我们关注的问题是性别比例及其对当地条件的依赖性,特别是对七鳃鳗。任务是检查一个物种根据资源可用性而改变其性别比例的能力的优缺点。你的团队需要开发并检查一个模型,以深入了解生态系统中由此产生的相互作用。请考虑以下问题:

(1)当七鳃鳗种群可以改变其性别比例时,其对更大的生态系统有什么影响?

(2)在七鳃鳗的性别比发生变化的情况下,其对生态系统的稳定性有什么影响?

(3)具有可变性别比的七鳃鳗种群的生态系统能否为生态系统中的其他物种,如寄生虫,提供优势?

说明:本题来源于 2024 年国际大学生数学建模竞赛 A 题,相关附件数据可以在竞赛官网历年赛题栏目下载(http://www.comap.com)。

4. 在现代社会,战争推演已成为军事决策中不可或缺的重要工具。考虑一场虚构的战争,各种兵种和武器系统的属性都在给定范围内随机生成,同时还有战缘和非战缘事件的影响。我们的目标就是通过建立数学模型对冲突双方的战争力量和预定目标进行推演,寻找到最优的作战策略。具体来说,建立数学模型解决的问题包括:

(1)如何从各种军事属性中确定不同兵种的作战效能值(如杀伤力、射程、装甲等)。

(2)如何计算各种兵种在作战中的损失及其对作战力量的影响。

(3)如何考虑非战缘因素对战局的影响,并进行应对。

5. 随着人工智能技术的迅猛发展,战争形态和作战手段的变革是军事领域智能化发展的关键。伴随着智能化战争的到来,"大狗"机器人、"捕食者"无人机、"震网"病毒攻击、类脑超算系统、意念控制武器、隐形技术等,这些曾经只在科幻作品中存在的武器、技术,越来越多地出现在现实的军事领域中,带来了巨大的军事变革。在未来的智能化战争中,作战空间和作战领域将出现重大改变。作战空间向立体、全维、全领域延展,作战领域向极地、深海、太空等拓展,并向认知域、信息域渗透。例如:侵入式独狼作战 —— 单套无人系统独立作战;有人无人协同体系破击战 —— 基于智能无人系统;母舰蜂群集群作战 —— 以母舰为运输载体和指挥中心。智能化战争中的武器装备是围绕特定作战需求和作战能力设计的武器装备类型。根据你对智能化战争的认识和理解,回答以下问题。

(1)针对未来智能化战争的规模、样式、目的等,运用科幻思维,设计一个智能化战争的场景,设计模拟对抗模式,根据来袭目标和我方武器装备进行战场态势分析。

(2)结合战场态势分析,根据威胁情况、战场情况和作战需求,形成智能化作战构想图景,根据战场意图和目标建立威胁评估指标体系,进行威胁评估分析。

(3)根据我方武器装备与多种防御手段,借助集群化、自主化作战方式建立防御优化决策模型,并设计智能化作战方案,以实现智能化战争制胜的目标。可从人员调配、情报分析、作战规划、智能优化决策、兵力部署、火力分配等方面考虑(不限于此,但不需要全部考虑)。

第5章　常微分方程数学模型案例

在大学生数学建模竞赛中,常微分方程(组)主要应用于前述三种经典场景。但是,这并不意味着常微分方程数学模型的应用仅限于此,关键在于读者要能够掌握常微分方程数学模型的建立方法。本章继续通过例题来叙述如何在其他方面建立常微分方程数学模型。常微分方程数学模型还可用于连续性问题的机理分析。下面将结合 2019 年全国大学生数学建模竞赛 A 题,讲解如何建立常微分方程数学模型解决实际问题。

燃油进入和喷出高压油管是许多燃油发动机工作的基础。图 5-1 给出了某高压燃油系统的工作原理,燃油经过高压油泵从 A 处进入高压油管,再由喷油嘴 B 处喷出。燃油进入和喷出的间歇性工作过程会导致高压油管内压力的变化,使得所喷出的燃油量出现偏差,从而影响发动机的工作效率。

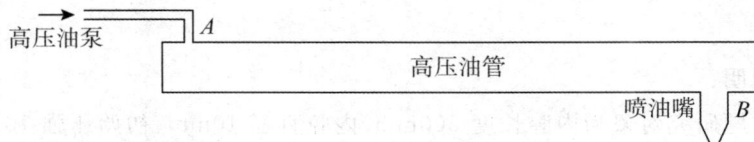

图 5-1　高压燃油系统工作原理

某型号高压油管的内腔长度为 500mm,内腔直径为 10mm,供油入口 A 处小孔的直径为 1.4mm,通过单向阀开关控制供油时间的长短,单向阀每打开一次后就要关闭 10ms。喷油器每秒工作 10 次,每次工作时喷油时间为 2.4ms,喷油器工作时从喷油嘴 B 处向外喷油的速率如图 5-2 所示。高压油泵在入口 A 处提供的压强恒为 160MPa,高压油管内的初始压强为 100MPa。如果要将高压油管内的压强尽可能稳定在 100MPa 左右,如何设置单向阀每次开启的时长?如果要将高压油管内的压强从 100MPa 增加到 150MPa,且分别经过约 2s、5s 和 10s 的调整过程后稳定在 150MPa,单向阀开启的时长应如何调整?

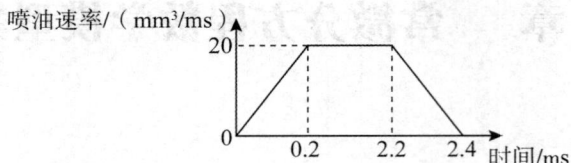

图 5-2　喷油速率曲线

燃油的压强变化量与密度变化量成正比,比例系数为 $\dfrac{E}{\rho}$,其中 ρ 为燃油的密度,当压强为 100MPa 时,燃油的密度为 0.850 mg/mm³。E 为弹性模量,其与压强的关系见附件 3。进出高压油管的流量为 $Q = CA\sqrt{\dfrac{2\Delta P}{\rho}}$,其中 Q 为单位时间流过小孔的燃油量(mm³/ms),$C = 0.85$ 为流量系数,A 为小孔的面积(mm²),ΔP 为小孔两边的压强差(MPa),ρ 为高压侧燃油的密度(mg/mm³)。

说明:本题来源于 2019 年全国大学生数学建模竞赛 A 题,相关附件数据可以在官网历年赛题栏目下载(http://www.mcm.edu.cn)。

解题说明:

本题研究对象为内腔长度 500mm、内腔直径 10mm、初始压强 100MPa 的高压油管。在理想刚性假设下,可以计算得到高压油管的固定容积为 12500π mm³。进油口 A 处的小孔直径为 1.4mm,提供 160MPa 的恒压向高压油管内输送燃油,供油时长由单向阀开关控制。每完成一次进油工作,单向阀就要关闭 10ms;喷油嘴每秒开启 10 次,每次的喷油时长 2.4ms,每次的喷油量为 44mm³。

建立压强控制模型需要综合考虑燃油密度的变化、喷供油量的变化以及高压油管内部压强的变化。首先,对燃油的密度 ρ 与压强 P 之间的关系进行分析。通过欧拉公式结合弹性模量 E 与压强 P 的关系推导得到 ρ 与 P 的对应关系；其次，对喷供油量进行分析以确定供油量与高压油管压强 $P(t)$ 的关系以及喷油量的值；最后，分析高压油管内燃油压强 P 与时间 t 的关系。由于燃油密度随时间而变化，需要在关于 $P(t)$ 的常微分方程中引入燃油密度变量，构建以单向阀开启时长为决策变量的单目标优化压力控制模型。

根据题目提供的注释得知燃油压强变化率、燃油密度变化率、弹性模量以及燃油密度之间存在如下关系：

$$\frac{\mathrm{d}P}{\mathrm{d}\rho} = \frac{E}{\rho} \Leftrightarrow \mathrm{d}P = \frac{E}{\rho}\mathrm{d}\rho$$

为讨论管内压强随时间的变化状况，可将上式转化为压强关于时间的常微分方程，具体形式如下：

$$\frac{\mathrm{d}P}{\mathrm{d}t} = \frac{E}{\rho}\frac{\mathrm{d}\rho}{\mathrm{d}t}$$

高压油管体积 V 可视为固定常数，密度变化主要由高压油管内燃油质量变化所引起。根据密度、体积、质量三者之间的物理关系，代入上述公式可以得到如下关系：

$$\frac{\mathrm{d}P}{\mathrm{d}t} = \frac{E}{\rho V}\frac{\mathrm{d}m}{\mathrm{d}t}$$

高压油管内的燃油质量变化由两部分引起，即从高压油泵进入高压油管的油量以及从喷油嘴喷出的油量。

$$\frac{\mathrm{d}m}{\mathrm{d}t} = \frac{\rho_{\text{in}} V_{\text{in}} - \rho_{\text{out}} V_{\text{out}}}{\mathrm{d}t}$$

其中，ρ_{in} 与 V_{in} 表示从高压油泵进入高压油管内的燃油密度以及油量，ρ_{out} 与 V_{out} 表示从喷油嘴喷出高压油管的燃油密度以及油量。

记 Q_{in} 与 Q_{out} 表示单位时间内进出高压油管内的燃油量，则上述常微分方程可以改写为

$$\frac{\mathrm{d}m}{\mathrm{d}t} = \rho_{\text{in}} Q_{\text{in}} - \rho_{\text{out}} Q_{\text{out}}$$

将上述公式代入高压油管内压强随时间变化的微分方程，得到高压油管内压强变化的数学模型如下：

$$\frac{\mathrm{d}P}{\mathrm{d}t} = \frac{E}{\rho V}(\rho_{\text{in}} Q_{\text{in}} - \rho_{\text{out}} Q_{\text{out}})$$

在上述常微分方程模型中,参数弹性模量以及燃油密度都是随着高压油管内压强变化的函数。因此,求解上述常微分方程的解析表达式并非易事。

原题提供了高压油管内压强 $0 \sim 200\mathrm{MPa}$ 时(步长 $0.5\mathrm{MPa}$)所对应的弹性模量数据。根据欧拉公式可以估算不同压强对应的弹性模量以及燃油密度。估算公式如下:

$$\frac{\mathrm{d}P}{\mathrm{d}\rho} = \frac{E}{\rho} \Rightarrow \mathrm{d}P = \frac{E}{\rho}\mathrm{d}\rho \Rightarrow \Delta P \approx \frac{E}{\rho}\Delta\rho$$

将初始条件高压油管压强 $100\mathrm{MPa}$ 及对应燃油密度 $0.85\mathrm{mg/mm^3}$ 代入上式,并取 $\Delta P = 0.5\mathrm{MPa}$,可以得到 $0 \sim 200\mathrm{MPa}$ 内每隔 $0.5\mathrm{MPa}$ 对应的燃油密度。以 $100.5\mathrm{MPa}$ 及 $99.5\mathrm{MPa}$ 为例,对应的高压油管燃油密度计算方式如下:

$$
\begin{cases}
\rho(100.5\mathrm{MPa}) = \rho(100\mathrm{MPa}) + \dfrac{0.5}{E(100\mathrm{MPa})}\rho(100\mathrm{MPa}) \\[3mm]
\rho(99.5\mathrm{MPa}) = \rho(100\mathrm{MPa}) \times \dfrac{E(99.5\mathrm{MPa})}{0.5 + E(99.5\mathrm{MPa})}
\end{cases}
$$

原题提供 $\rho(100\mathrm{MPa})$、$E(100\mathrm{MPa})$ 及 $E(99.5\mathrm{MPa})$,故可推算 $\rho(100.5\mathrm{MPa})$ 及 $\rho(99.5\mathrm{MPa})$。以此类推,可以得到高压油管内压强为 $0.5\mathrm{MPa}$ 整数倍时的燃油密度。对于非 $0.5\mathrm{MPa}$ 整数倍时压强对应的燃油密度以及弹性模量可以采用线性插值的方式获得。

弹性模量以及密度随压强变化曲线如图 5-3 与图 5-4 所示。

然后,讨论高压油管进出油量的计算方法。喷油器每秒工作 10 次,每次工作时喷油时间为 $2.4\mathrm{ms}$。假设喷油器等间隔工作,每次工作后停止 $97.6\mathrm{ms}$。由于求解压强变化的常微分方程解析表达式并不容易,故将重点介绍如何数值求解上述问题。对微分方程进行等时间离散化处理:初始时刻 $t = 0\mathrm{ms}$ 时为起始点,此时管内压强为 P_0;以 $0.01\mathrm{ms}$ 为间隔($\Delta t = 0.01\mathrm{ms}$);当时刻 $t = 0.01\mathrm{ms}$ 时管内压强为 P_1;当时刻 $t = 0.02\mathrm{ms}$ 时管内压强为 P_2;依次类推。

结合图 5-2 的喷油速率曲线,管内压强为 P_i 对应的喷油嘴流量 Q_{out}^i 计算方式如下:

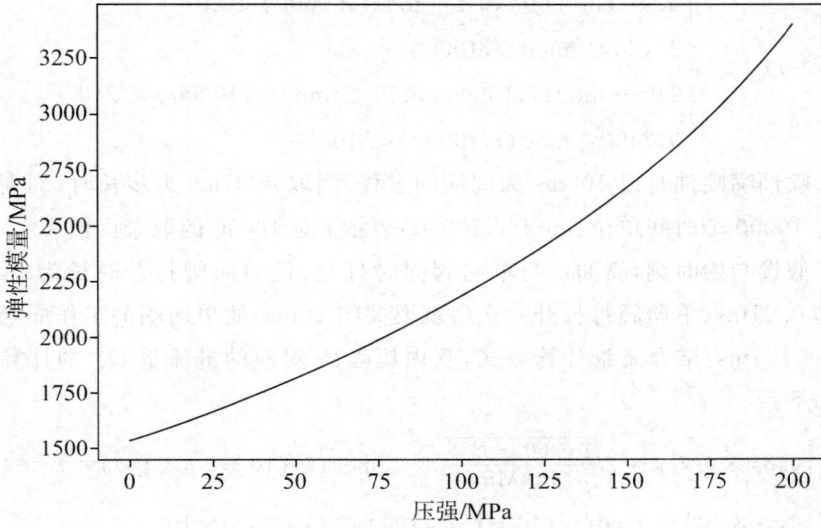

图 5-3　弹性模量随油管内压强变化曲线

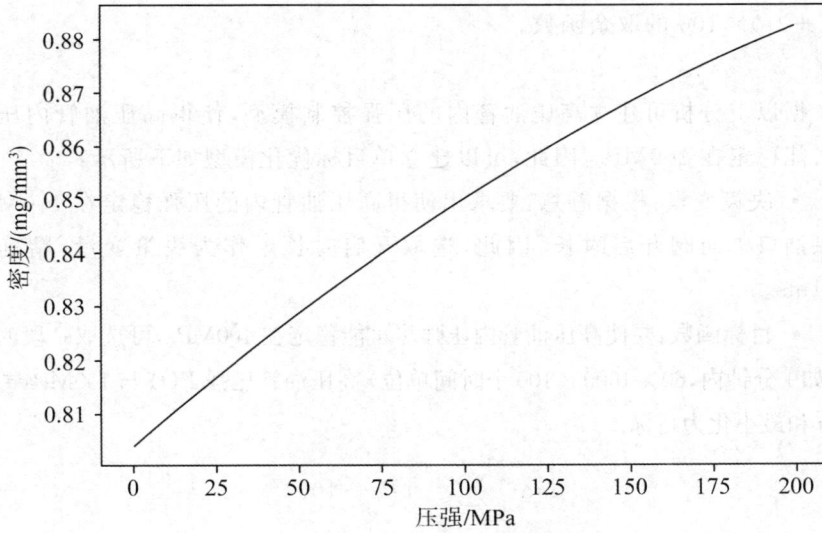

图 5-4　密度随油管内压强变化曲线

$$Q_{out}^i = \begin{cases} \mathrm{mod}(i,10000),0 \leqslant \mathrm{mod}(i,10000) < 20 \\ 20,20 \leqslant \mathrm{mod}(i,10000) < 220 \\ 240 - \mathrm{mod}(i,10000),220 \leqslant \mathrm{mod}(i,10000) < 240 \\ 0,240 \leqslant \mathrm{mod}(i,10000) < 10000 \end{cases}$$

喷油嘴喷油是以 100ms 为周期的过程。当取 0.01ms 为步长时,周期长度为 10000 个时间单位。$\mathrm{mod}(i,10000)$ 表示 i 对 10000 的取余函数。

假设初始时刻,喷油口与单向阀同时打开。设单向阀打开时长为 t_x,精确到 0.01ms。单向阀每打开一次后就要关闭 10ms,故单向阀的工作周期为 $(10+t_x)$ms。结合流量计算方式,管内压强 P_i 对应的进流量 Q_{in} 的计算方式如下:

$$Q_{in}^i = \begin{cases} 0.85 \times 0.7^2\pi \times \sqrt{\dfrac{2(160-P_i)}{\rho(160\mathrm{MPa})}},0 \leqslant \mathrm{mod}(i,(10+t_x)\times100) < t_x \times 100 \\ 0,t_x \times 100 \leqslant \mathrm{mod}(i,(10+t_x)\times100) < (10+t_x)\times100 \end{cases}$$

单向阀进油是以 $(10+t_x)$ms 为周期的过程。当取 0.01ms 为步长时,周期长度为 $(10+t_x)\times100$ 个时间单位。$\mathrm{mod}(i,(10+t_x)\times100)$ 表示 i 对 $(10+t_x)\times100$ 的取余函数。

据以上分析可建立高压油管内的压强控制模型,使得高压油管内压强尽可能稳定在 100MPa。因此,可以建立单目标优化模型如下所示:

• 决策变量:根据题意,要求出使得高压油管内的压强稳定在 100MPa 的供油口单向阀开启时长。因此,选取开启时长 t_x 作为决策变量,精确到 0.01ms。

• 目标函数:要使高压油管内压强尽可能稳定在 100MPa,可选取一段时间内(如 1 分钟内,$60 \times 1000 \times 100$ 个时间单位)高压油管压强 $P(t)$ 与 100MPa 差值平方和最小化为目标。

$$\min \sum_{i=1}^{60\times1000\times100} |P_i - 100|^2$$

• 约束条件:高压油管内压强随时间变化符合如下迭代式。

$$\begin{cases} P_i = P_{i-1} + \dfrac{E(P_{i-1})}{\rho(P_{i-1})V}[\rho_{in}(160\mathrm{MPa})Q_{in} - \rho_{out}(P_{i-1})Q_{out}] \times \Delta t \\ P_0 = 100\mathrm{MPa} \end{cases}$$

因此,在时刻 i 的压强迭代公式如下所示:

$$P_i = P_0 + \sum_{k=0}^{i-1} \frac{E(P_k)}{\rho(P_k)V} [\rho_{in}(160\text{MPa})Q_{in} - \rho_{out}(P_k)Q_{out}] \times \Delta t$$

综上所述,估计最佳单向阀开启时长的非线性优化模型如下所示:

$$\min \sum_{i=1}^{60 \times 1000 \times 100} \left| \sum_{k=0}^{i-1} \frac{E(P_k)}{\rho(P_k)V} [\rho_{in}(160\text{MPa})Q_{in} - \rho_{out}(P_k)Q_{out}] \times \Delta t \right|$$

$$s.t. \begin{cases} Q_{in}^i = \begin{cases} 0.85 \times 0.7^2 \pi \times \sqrt{\dfrac{2(160 - P_i)}{\rho(160\text{MPa})}}, 0 \leqslant \text{mod}(i,(10+t_x) \times 100) < t_x \\ \times 1000, t_x \times 100 \leqslant \text{mod}(i,(10+t_x) \times 100) < (10+t_x) \times 100 \end{cases} \\ Q_{out}^i = \begin{cases} \text{mod}(i,10000), 0 \leqslant \text{mod}(i,10000) < 20 \\ 20, 20 \leqslant \text{mod}(i,10000) < 220 \\ 240 - \text{mod}(i,10000), 220 \leqslant \text{mod}(i,10000) < 240 \\ 0, 240 \leqslant \text{mod}(i,10000) < 10000 \end{cases} \end{cases}$$

为降低非线性优化模型的搜索空间,先对待定参数 t_x 进行简单估计。估计方式如下:在一个完整的喷油周期(100ms)内共计喷出油量 44mm^3。按照 100MPa 所对应的密度 0.85mg/mm 计算得到油量为 37.4mg。在一个完整的进油周期($(10+t_x)$ms)内进油量可以近似估计为 $0.85 \times 0.7^2 \pi \times \sqrt{\dfrac{2 \times 60}{0.87112}} \times 0.87112 \times t_x$mg。然而,一个完整的喷油周期包含 $\dfrac{100}{10+t_x}$ 个进油周期。因此,t_x 的估算方法如下:

$$0.85 \times 0.7^2 \pi \times \sqrt{\frac{2 \times 60}{0.87112}} \times 0.87112 \times \frac{100}{10+t_x} \times t_x = 37.4 \Rightarrow t_x = 0.29$$

由于上述计算得到的 0.29ms 仅为控制参数的预估值,故采用网格遍历方式在[0.25,0.34]区间内每隔 0.01ms 取点,并将其代入衡量稳定效果的目标函数计算误差平方和以及均方误差。最后,从所有格点中选择稳定效果最好的参数作为最终结果,得到误差随不同开启时长的变化趋势如图 5-5 所示。

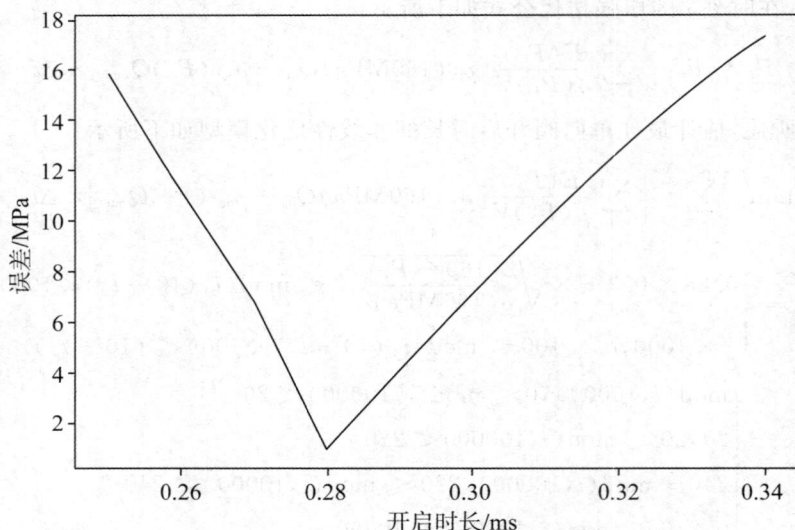

图 5-5   不同开启时长对应的误差变化曲线

观察图 5-5 不难得到结果：当开启时长低于 0.28ms 时，管内压强控制效果随着单向阀开启时长增加而变得越来越好，当开启时长超过 0.28ms 时，管内压强控制效果开始下降。当 $t_x = 0.28$ms 时，1 分钟内高压油管内的压强与 150MPa 最为接近，效果最佳。

选取开启时长为 $t_x = 0.28$ms，计算机模拟仿真 1 分钟内高压油管内的燃油压强随时间的变化趋势如图 5-6 所示。

求解上述非线性优化模型的 Python 程序源代码如下所示。程序包含如下几个部分：（1）采用欧拉迭代公式计算每隔 0.5MPa 压强所对应的燃油密度。（2）定义喷油嘴周期性的喷油过程。（3）采用线性插值方式定义函数计算不同压强所对应的弹性模量以及燃油密度。（4）采用欧拉方法对常微分方程进行迭代，计算不同时刻管内压强。（5）采用网格遍历方式计算不同开启时长所对应的稳定性误差，并以此求非线性优化问题的最优解。

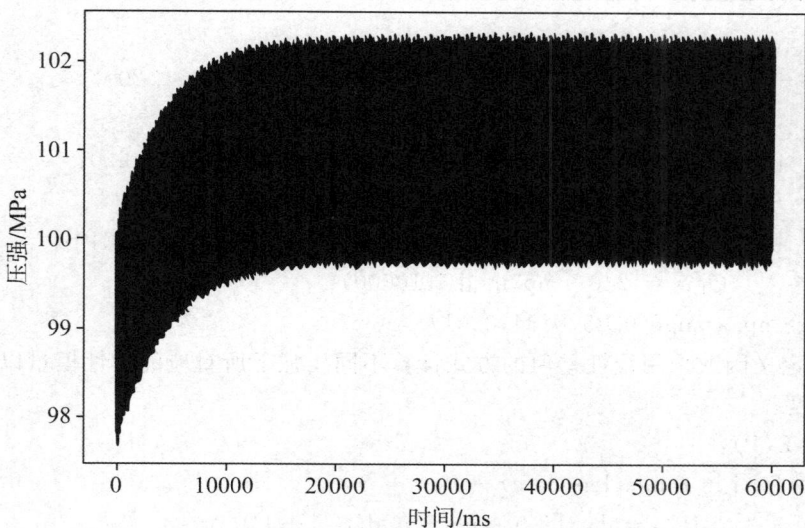

图 5-6　开启时长为 0.28ms 时高压油管内燃油压强的变化趋势

Python 代码 —— 离散化微分方程并求解最合适的单向阀开启参数

```
import pandas as pd
import matplotlib. pyplot as plt
import numpy as np
data = pd. read_excel('APP. xlsx')  # APP. xlsx 为题目提供的不同压强
对应弹性模量
data = np. array(data)
plt. rc('font', family = 'SimHei')
# 采用迭代公式计算每隔 0.5MPa 压强所对应的密度
a = np. zeros([401,1])
a[200] = 0.850
for i in range(200):
    a[200 + i + 1] = a[200 + i] + 0.5 * a[200 + i]/data[200 + i,1]
a[200 - i - 1] = a[200 - i]/(1 + 0.5/data[200 - i - 1,1])
# 定义喷油嘴周期性的喷油量
Q = np. zeros(20 * 1000 * 100)
```

```
for i in range(len(Q)):
    if np. mod(i,10000) >= 0 and np. mod(i,10000) < 20:
        Q[i] = np. mod(i,10000)
    if np. mod(i,10000) >= 20 and np. mod(i,10000) < 220:
        Q[i] = 20
    if np. mod(i,10000) >= 220 and np. mod(i,10000) < 240:
        Q[i] = 240 - np. mod(i,10000)
tx = np. arange(0. 25,0. 34,0. 01)
# 定义函数采用线性差值的方式计算不同压强下所对应的弹性模量以及
密度
def E(P):
    for i in range(len(data) - 1):
        if P >= data[i,0] and P < data[i+1,0]:
            return ((P - data[i,0])/0. 5 * (data[i+1,1] - data[i,1])
+ data[i,1])
def rho(P):
    for i in range(len(data) - 1):
        if P >= data[i,0] and P < data[i+1,0]:
            return ((P - data[i,0])/0. 5 * (a[i+1] - a[i]) + a[i])
V = 5 * * 2 * np. pi * 500
M = []
N = []
for i in range(len(tx)):
    print(i)
    t = tx[i]
    P = np. zeros(len(Q))
P[0] = 100
# 采用欧拉方法对微分方程进行迭代,计算不同时刻对应的管内压强
    for k in range(len(Q) - 1):
        if np. mod(k, (10 + t) * 100) >= 0 and np. mod(k, (10 +
t) * 100) < t * 100:
```

```
            Qin = 0.85 * 0.7 * * 2 * np.pi * np.sqrt(2 * (160−P[k])/rho(160))
        else：
            Qin = 0
            P[k + 1] = (E(P[k])/rho(P[k])/V * (rho(160) * Qin −
    rho(P[k]) * Q[k]) * 0.01) + P[k]
        M.append(sum(abs(P − 100) * * 2))
        N.append(np.mean(abs(P − 100)))
```

若将高压油管内的压强从 100MPa 增加到 150MPa，确定单向阀的开启时长，要求分别经过约 2s、5s 以及 10s 的调整过程后稳定在 150MPa。对稳定效果提出新的要求并不会改变管内燃油压强的变化原理。因此，只需修改所建立的优化模型目标函数以评价不同的稳定效果。以 2s 后高压油管内燃油压强稳定在 150MPa 为例，稳定效果的目标函数如下所示：

$$\min \sum_{i=2\times1000\times100}^{60\times1000\times100} \left| \begin{matrix} \sum_{k=0}^{i-1} \dfrac{E(P_k)}{\rho(P_k)V}[\rho_{\text{in}}(160\text{MPa})Q_{\text{in}} - \rho_{\text{out}}(P_k)Q_{\text{out}}]\times \Delta t - 50 \\ 0 \end{matrix} \right|$$

求解优化模型需要对待定参数 t_x 进行简单估计。估计方式如下：在一个完整的喷油周期内（100ms）共计喷出油量 44mm³。按照 100MPa 所对应的密度 0.85mg/mm 计算得到油量为 37.4mg。在一个完整的进油周期内 $[(10+t_x)\text{ms}]$ 进油量可以近似估计为 $0.85 \times 0.7^2 \pi \times \sqrt{\dfrac{2\times10}{0.87112}} \times 0.87112 \times t_x \text{mg}$。然而，一个完整的喷油周期包含 $\dfrac{100}{10+t_x}$ 个进油周期。因此，t_x 的估算方法如下：

$$0.85 \times 0.7^2 \pi \times \sqrt{\frac{2\times10}{0.87112}} \times 0.87112 \times t_x \times \frac{100}{10+t_x} = 37.4 \Rightarrow t_x = 0.74$$

由于上述计算得到的 0.74ms 仅为控制参数的预估值，故采用网格遍历方式在 [0.71,0.80] 区间内每隔 0.01ms 取点，并将其代入衡量稳定效果的目标函数计算误差平方和以及均方误差。最后，从所有格点中选择稳定效果最好的参数作为最终结果。

例如,当要求单向阀开启时长 2s 的调整过程后稳定在 150MPa 时,误差随不同开启时长的变化趋势如图 5-7 所示。

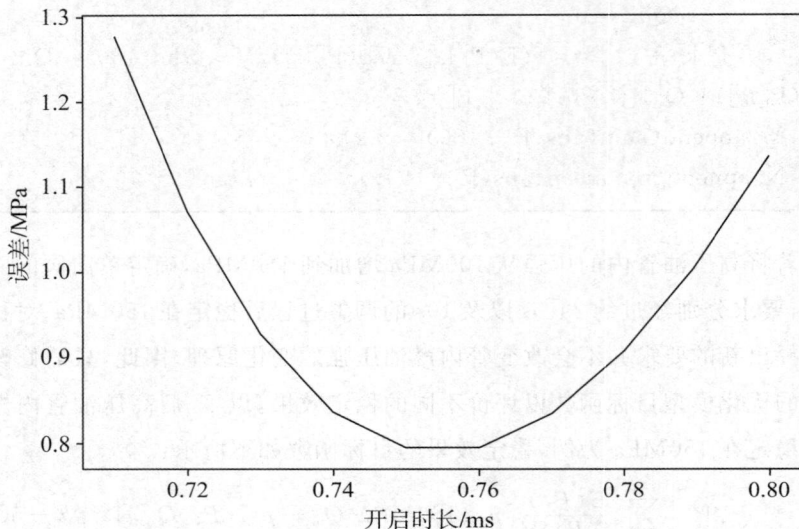

图 5-7　不同开启时长对应的误差变化曲线

观察图 5-7 不难得到结果:当开启时长低于 0.75ms 时,管内压强控制效果随着单向阀开启时长的增加而变得越来越好,当开启时长超过 0.75ms 时,管内压强控制效果开始下降。当 $t_x = 0.75$ms 时,2s 后高压油管内的压强与 150MPa 最为接近,效果最佳。

选取开启时长为 $t_x = 0.75$ms,计算机模拟仿真 1 分钟内高压油管内的燃油压强随时间的变化趋势如图 5-8 所示。

思考任务:

感兴趣的读者可以采用梯形方法或者改进的欧拉方法编写程序计算第一问,验证单向阀开启时长是否与欧拉方法得到的结果一致。

思考如果单向阀初次开启时间与喷油嘴初次开启时间不一致,是否可以获得更好的控制效果,并计算出最优的控制方案。

感兴趣的读者可以继续完成 2019 年 A 题的第二问以及第三问。

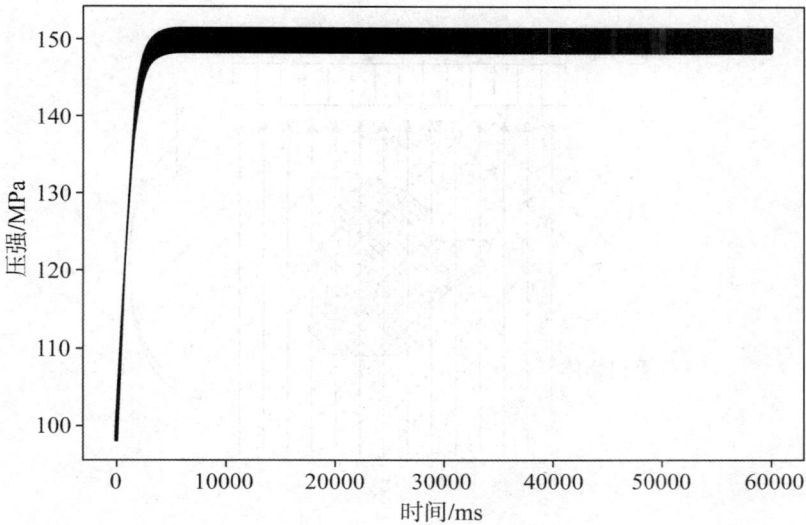

图 5-8   开启时长为 0.75ms 时高压油管内燃油压强变化趋势

讨论题：

1. CT（computed tomography，计算机断层扫描）可以在不破坏样品的情况下，利用样品对射线能量的吸收特性对生物组织和工程材料的样品进行断层成像，由此获取样品内部的结构信息。一种典型的二维 CT 系统如图 5-9 所示，平行入射的 X 射线垂直于探测器平面，每个探测器单元看成一个接收点，且等距排列。X 射线的发射器和探测器相对位置固定不变，整个发射 — 接收系统绕某固定的旋转中心逆时针旋转 180 次。对每一个 X 射线方向，在具有 512 个等距单元的探测器上测量经位置固定不动的二维待检测介质吸收衰减后的射线能量，并经过增益等处理后得到 180 组接收信息。CT 系统安装时往往存在误差，从而影响成像质量，因此需要对安装好的 CT 系统进行参数标定，即借助于已知结构的样品（称为模板）标定 CT 系统的参数，并据此对未知结构的样品进行成像。

请建立相应的数学模型和算法，解决以下问题：

（1）在正方形托盘上放置由两个均匀固体介质组成的标定模板，模板的几何信息如图 5-10 所示，相应的数据文件见附件 1，其中每一点的数值反

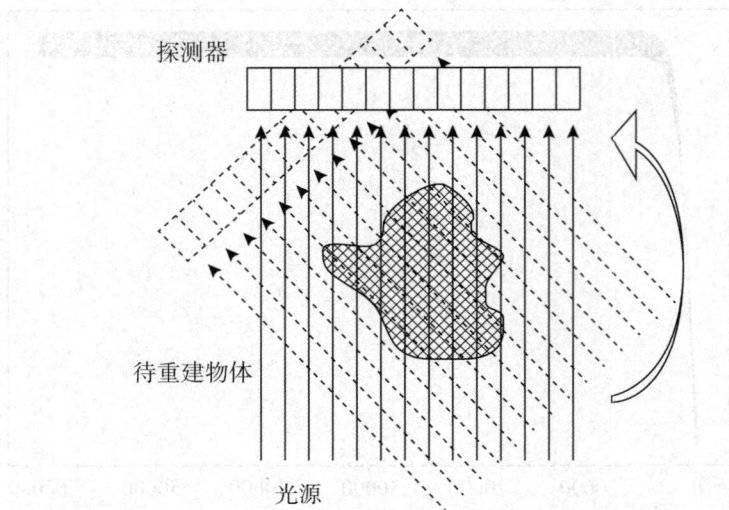

探测器

待重建物体

光源

图 5-9　二维 CT 系统示意

映了该点的吸收强度,这里称为"吸收率"。对应于该模板的接收信息见附件2。请根据这一模板及其接收信息,确定 CT 系统旋转中心在正方形托盘中的位置、探测器单元之间的距离以及该 CT 系统使用的 X 射线的 180 个方向。

(2) 附件3是利用上述 CT 系统得到的某未知介质的接收信息。利用(1)中得到的标定参数,确定该未知介质在正方形托盘中的位置、几何形状和吸收率等信息。另外,请具体给出图 5-11 所给的 10 个位置处的吸收率,相应的数据文件见附件4。

(3) 附件 5 是利用上述 CT 系统得到的另一个未知介质的接收信息。利用(1)中得到的标定参数,给出该未知介质的相关信息。另外,请具体给出图5-11 所给的 10 个位置处的吸收率。

(4) 分析(1)中参数标定的精度和稳定性。在此基础上自行设计新模板、建立对应的标定模型,以改进标定精度和稳定性,并说明理由。

说明:本题来源于 2017 年全国大学生数学建模竞赛 A 题,相关附件数据可以在官网历年赛题栏目下载(http://www.mcm.edu.cn)。

2. 养老金也称退休金,是一种根据劳动者对社会所作贡献及其所具备享受养老保险的资格,以货币形式支付的保险待遇,用于保障职工退休后的

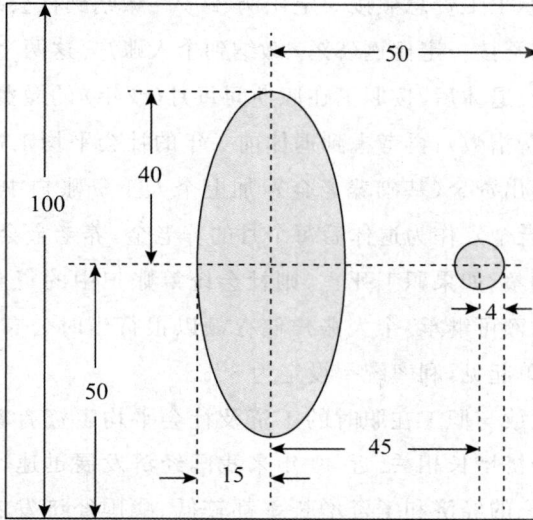

图 5-10　模板示意图（单位：mm）

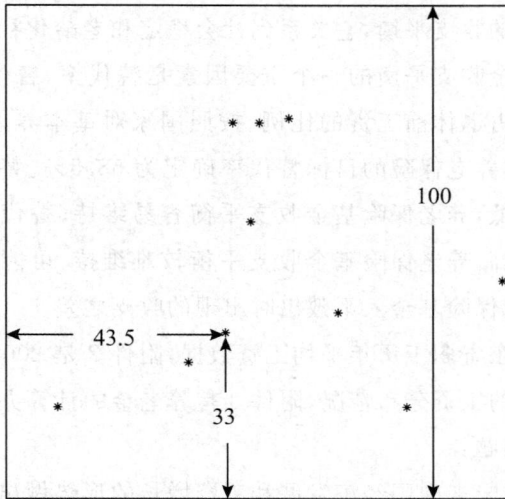

图 5-11　10 个位置示意图（单位：mm）

基本生活需要。

我国企业职工基本养老保险实行"社会统筹"与"个人账户"相结合的

模式,即企业把职工工资总额按一定比例(20%)缴纳到社会统筹基金账户,再把职工个人工资按一定比例(8%)缴纳到个人账户。这两个账户我们合称为养老保险基金。退休后,按职工在职期间每月(或年)的缴费工资与社会平均工资之比(缴费指数),再考虑到退休前一年的社会平均工资等因素,从社会统筹账户中拨出资金(基础养老金),加上个人工资账户中一定比例的资金(个人账户养老金),作为退休后每个月的养老金。养老金会随着社会平均工资的调整而调整。如果职工死亡,则社会统筹账户中的资金不退给职工,个人账户中的余额可继承。个人账户储存额以银行当时公布的一年期存款利率计息,为简单起见,利率统一设定为 3%。

养老金的发放与职工在职时的工资及社会平均工资有着密切关系;工资的增长又与经济增长相关。近 30 年来我国经济发展迅速,工资增长率也较高;而发达国家的经济和工资增长率都较低。我国经济发展的战略目标,是要在 21 世纪中叶使我国人均国内生产总值达到中等发达国家水平。

现在我国养老保险改革正处于过渡期。养老保险管理的一个重要目标是养老保险基金的收支平衡,它关系到社会稳定和老龄化社会的顺利过渡。影响养老保险基金收支平衡的一个重要因素是替代率。替代率是指职工刚退休时的养老金占退休前工资的比例。按照国家对基本养老保险制度的总体思路,未来基本养老保险的目标替代率确定为 58.5%。替代率较低,退休职工的生活水准低,养老保险基金收支平衡容易维持;替代率较高,退休职工的生活水准就高,养老保险基金收支平衡较难维持,可能出现缺口。所谓缺口,是指当养老保险基金入不敷出时出现的收支之差。

附件 1 是山东省职工历年平均工资数据,附件 2 是 2009 年山东省某企业各年龄段职工的工资分布情况,附件 3 是养老金的计算办法。请建立数学模型,解决如下问题:

问题 1   对未来中国经济发展和工资增长的形势做出你认为是简化、合理的假设,并参考附件 1,预测从 2011 年至 2035 年的山东省职工的年平均工资。

问题 2   根据附件 2 计算 2009 年该企业各年龄段职工工资与该企业平均工资之比。如果把这些比值看作职工缴费指数的参考值,考虑该企业职工自 2000 年起分别从 30 岁、40 岁开始缴养老保险,一直缴费到退休(55 岁、60 岁、65 岁),计算各种情况下的养老金替代率。

问题 3　假设该企业某职工自 2000 年起从 30 岁开始缴养老保险,一直缴费到退休(55 岁、60 岁、65 岁),并从退休后一直领取养老金,至 75 岁死亡。计算养老保险基金的缺口情况,并计算该职工领取养老金到多少岁时,其缴存的养老保险基金与其领取的养老金之间达到收支平衡。

问题 4　如果既要达到目标替代率,又要维持养老保险基金收支平衡,你认为可以采取什么措施?请给出你的理由。

说明:本题来源于 2011 年全国大学生数学建模竞赛 C 题,相关附件数据可以在官网历年赛题栏目下载(http://www.mcm.edu.cn)。

3. 随着经济和社会的发展,人类面临能源需求和环境污染的双重挑战,发展可再生能源产业已成为世界各国的共识。波浪能作为一种重要的海洋可再生能源,分布广泛,储量丰富,具有可观的应用前景。波浪能装置的能量转换效率是波浪能规模化利用的关键问题之一。

图 5-12 为一种波浪能装置示意图,其由浮子、振子、中轴以及能量输出系统(PTO,包括弹簧和阻尼器)构成,其中振子、中轴及 PTO 被密封在浮子内部;浮子由质量均匀分布的圆柱壳体和圆锥壳体组成;两壳体连接部分有一个隔层,作为安装中轴的支撑面;振子是穿在中轴上的圆柱体,通过 PTO 系统与中轴底座连接。在波浪的作用下,浮子运动并带动振子运动(参见附件 1 和附件 2),通过两者的相对运动驱动阻尼器做功,并将所做的功作为能量输出。考虑海水是无黏及无旋的,浮子在线性周期微幅波作用下会受到波浪激励力(矩)、附加惯性力(矩)、兴波阻尼力(矩)和静水恢复力(矩)。在分析下面问题时,忽略中轴、底座、隔层及 PTO 的质量和各种摩擦。

请建立数学模型解决以下问题:

问题 1　如图 5-12 所示,中轴底座固定于隔层的中心位置,弹簧和直线阻尼器一端固定在振子上,一端固定在中轴底座上,振子沿中轴做往复运动。直线阻尼器的阻尼力与浮子和振子的相对速度成正比,比例系数为直线阻尼器的阻尼系数。考虑浮子在波浪中只做垂荡运动(参见附件 1),建立浮子与振子的运动模型。初始时刻浮子和振子平衡于静水中,利用附件 3 和附

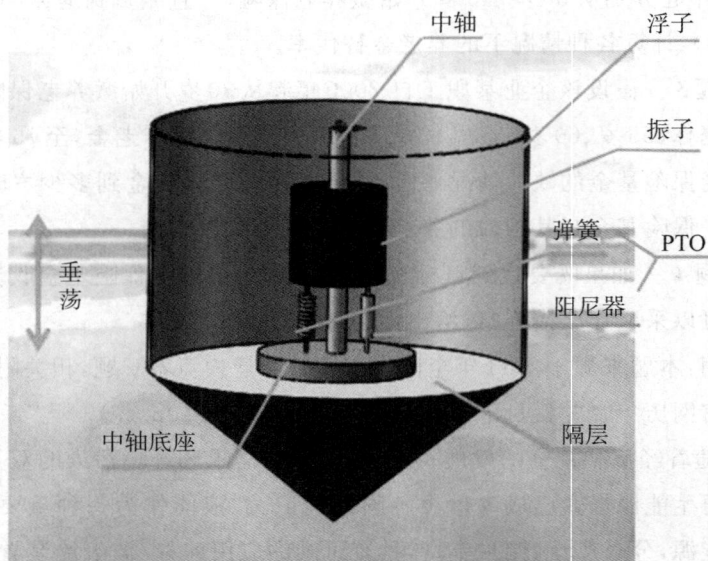

图 5-12　波浪能装置示意

件 4 提供的参数值（其中波浪频率取 $1.4005s^{-1}$，这里及以下出现的频率均指圆频率，角度均采用弧度制），分别对以下两种情况计算浮子和振子在波浪激励力 $f\cos\omega t$（f 为波浪激励力振幅，ω 为波浪频率）作用下前 40 个波浪周期内时间间隔为 0.2s 的垂荡位移和速度：(1) 直线阻尼器的阻尼系数为 $10000\text{N}\cdot\text{s/m}$；(2) 直线阻尼器的阻尼系数与浮子和振子的相对速度的绝对值的幂成正比，其中比例系数取 10000，幂指数取 0.5。将结果存放在 result1-1. xlsx 和 result1-2. xlsx 中。在论文中给出 10s、20s、40s、60s、100s 时，浮子与振子的垂荡位移和速度。

　　问题 2　仍考虑浮子在波浪中只做垂荡运动，分别对以下两种情况建立确定直线阻尼器的最优阻尼系数的数学模型，使得 PTO 系统的平均输出功率最大：(1) 阻尼系数为常量，阻尼系数在区间[0,100000]内取值；(2) 阻尼系数与浮子和振子的相对速度的绝对值的幂成正比，比例系数在区间[0,100000]内取值，幂指数在区间[0,1]内取值。利用附件 3 和附件 4 提供的参数值（波浪频率 $2.2143s^{-1}$）分别计算两种情况的最大输出功率及相应的最优阻尼系数。

　　问题 3　如图 5-13 所示,中轴底座固定于隔层的中心位置,中轴架通过转轴铰接于中轴底座中心,中轴绕转轴转动,PTO 系统连接振子和转轴架,并处于中轴与转轴所在的平面。除了直线阻尼器,在转轴上还安装了旋转阻尼器和扭转弹簧,直线阻尼器和旋转阻尼器共同做功输出能量。在波浪的作用下,浮子进行摇荡运动,并通过转轴及扭转弹簧和旋转阻尼器带动中轴转动。振子随中轴转动,同时沿中轴进行滑动。扭转弹簧的扭矩与浮子和振子的相对角位移成正比,比例系数为扭转弹簧的刚度。旋转阻尼器的扭矩与浮子和振子的相对角速度成正比,比例系数为旋转阻尼器的旋转阻尼系数。考虑浮子只做垂荡和纵摇运动(参见附件 2),建立浮子与振子的运动模型。初始时刻浮子和振子平衡于静水中,利用附件 3 和附件 4 提供的参数值(波浪频率取 $1.7152s^{-1}$),假定直线阻尼器和旋转阻尼器的阻尼系数均为常量,分别为 $10000N \cdot s/m$ 和 $1000N \cdot m \cdot s$,计算浮子与振子在波浪激励力和波浪激励力矩 $f\cos\omega t$,$L\cos\omega t$(f 为波浪激励力振幅,L 为波浪激励力矩振幅,ω 为波浪频率)作用下前 40 个波浪周期内时间间隔为 0.2s 的垂荡位移与速度和纵摇角位移与角速度。将结果存放在 result3. xlsx 中。在论文中给出 10s、20s、40s、60s、100s 时,浮子与振子的垂荡位移与速度和纵摇角位移与角速度。

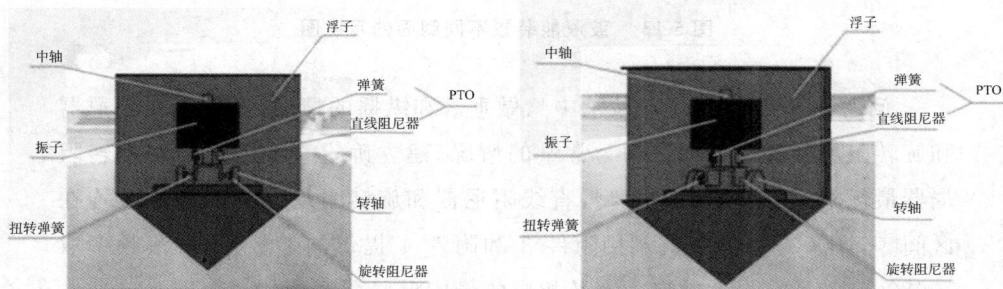

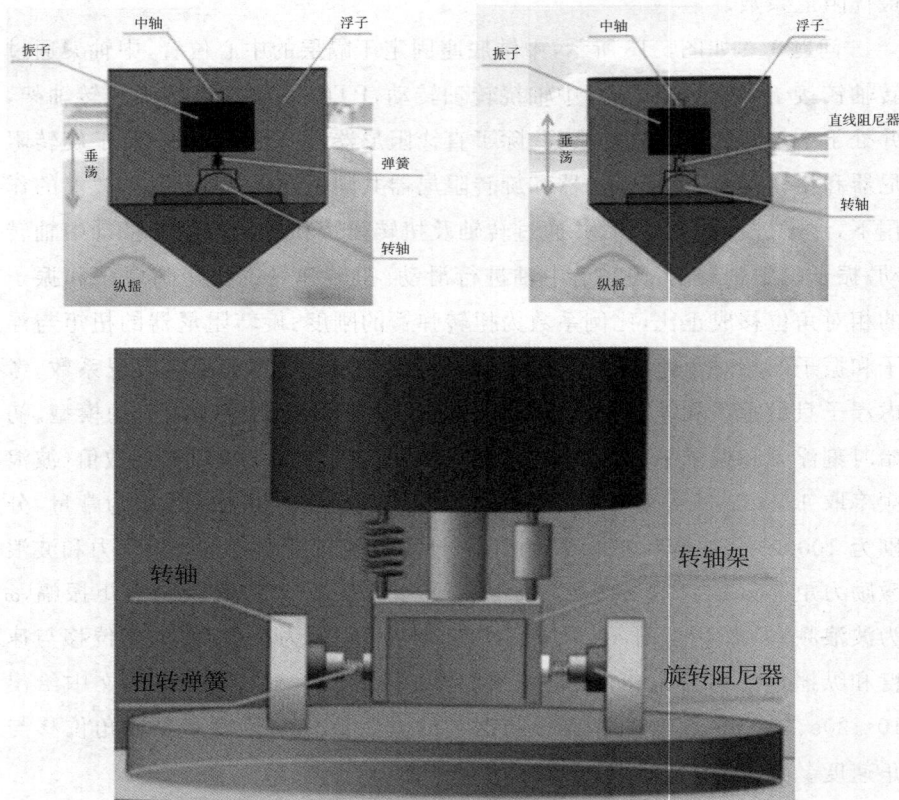

图 5-13　波浪能装置不同侧面的示意图

问题 4　考虑浮子在波浪中只做垂荡和纵摇的情形,针对直线阻尼器和旋转阻尼器的阻尼系数均为常量的情况,建立确定直线阻尼器和旋转阻尼器最优阻尼系数的数学模型,直线阻尼器和旋转阻尼器的阻尼系数均在区间$[0,100000]$内取值。利用附件 3 和附件 4 提供的参数值(波浪频率取$1.9806\mathrm{s}^{-1}$)计算最大输出功率及相应的最优阻尼系数。

说明:本题来源于 2022 年全国大学生数学建模竞赛 A 题,相关附件数据可以在官网历年赛题栏目下载(http://www.mcm.edu.cn)。

第二篇　偏微分方程数学模型及其数值解

在实际中,很多工程问题的数学模型可以归结为偏微分方程的定解问题。计算机技术的发展以及工具软件的普及,使得偏微分方程模型的求解已经不是很难的事情,从而更加有利于偏微分方程模型在实际中的应用。本篇将依次介绍抛物线型微分方程、椭圆型微分方程以及双曲线型微分方程及其数值求解方法。

设两个独立变量的二阶偏微分方程的一般形式为

$$A\frac{\partial^2 u}{\partial x^2} + B\frac{\partial^2 u}{\partial x \partial y} + C\frac{\partial^2 u}{\partial y^2} = F\left(x, y, u, \frac{\partial u}{\partial x}, \frac{\partial u}{\partial y}\right)$$

其中,$u(x, y)$为未知函数,右端项 F 为确定的函数,A、B、C 为确定的常数,且其取值决定了方程的类型和定解问题的性质。

不同类型的方程有不同的用途,其求解的方法和解的性质也是不同的。我们记判别式为 $\Delta = B^2 - 4AC$,则其有下列分类:

• $\Delta < 0$,方程为椭圆型方程,其中最典型的代表就是泊松方程,即 $\Delta u = f(x, y)$;

• $\Delta = 0$,方程为抛物线型方程,其中最典型的代表就是热传导方程,即 $\frac{\partial u}{\partial t} = a\Delta u$;

• $\Delta > 0$,方程为双曲线型方程,其中最典型的代表就是波动方程,即 $\frac{\partial^2 u}{\partial t^2} = a^2 \Delta u$。

第6章　热传导数学模型及其数值求解方法

热传导问题是指一个热源瞬时放置于空间介质中,研究随着时间的变化,空间中任一点的温度变化情况。热传导方程是一类重要的抛物线型偏微分方程,是抛物线型方程中最简单的例子。一般的三维热传导方程为

$$\frac{\partial u}{\partial t} = v\left(\frac{\partial^2 u}{\partial x^2} + \frac{\partial^2 u}{\partial y^2} + \frac{\partial^2 u}{\partial z^2}\right) + \varphi(x,y,z,t), (x,y,z) \in \Omega, t > 0$$

其中,系数 $v > 0$ 为介质的热扩散系数,$\varphi(x,y,z,t)$ 为已知的热源函数。

一般的初值和边值条件为

$$\begin{cases} u(x,y,z,0) = g(x,y,z), (x,y,z) \in \overline{\Omega} \\ u(x,y,z,0) \Big|_{\partial\Omega \times (0,T]} = 0 \end{cases}$$

6.1　热传导模型的基础理论

热传导方程是抛物线型偏微分方程的最典型形式。下面介绍最简单的一维热传导方程。一维热传导问题是指将一个质点热源瞬时放在细长杆介质中,研究随着时间变化细长杆各点的温度变化情况。一维热传导方程的常用形式为

$$\frac{\partial u}{\partial t} = v\frac{\partial^2 u}{\partial x^2}, x \in (0,L), t \in (0,T)$$

其中,L 为细杆长度,即为已知常数。在实际中,最常用的初值和边值条件为

$$\begin{cases} u(x,0) = f(x), x \in [0,L] \\ u(0,t) = g_1(t), t \in [0,T] \\ u(L,t) = g_2(t), t \in [0,T] \end{cases}$$

其中，$f(x)$为初始温度分布函数；$g_1(t)$以及$g_2(t)$表示端点处的温度分布函数。

求解上述偏微分方程的解析表达式往往是一件极其困难的任务。因此，本章主要介绍求解热传导方程的有限差分法及其 Python 实现方式。

首先，对二维区域作矩形剖分。为简单起见，对空间域和时间域分别作等间隔剖分。如可以将空间$[0,L]$等分成m份，节点为$x_i = ih$，且$h = \dfrac{L}{m}$；再将时间$[0,T]$等分成n份，节点为$t_k = k\tau$，且$\tau = \dfrac{T}{n}$。这样就得到$(m+1)(n+1)$个网格节点。二维网格剖分如图 6-1 所示。

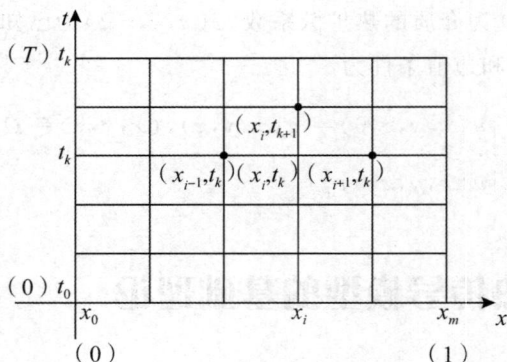

图 6-1　二维网格剖分

然后，在网格节点建立节点离散方程。本质上是将在区域内处处成立的微分方程弱化为在节点上处处成立的离散方程。进而，建立差分格式，$\dfrac{\partial u}{\partial t}$ 与 $\dfrac{\partial^2 u}{\partial x^2}$ 的差分公式如下：

$$\begin{cases} \dfrac{\partial u}{\partial t} = \dfrac{u(x,t+\tau) - u(x,t)}{\tau} + o(\tau) \\[3mm] \dfrac{\partial^2 u}{\partial x^2} = \dfrac{u(x-h,t) - 2u(x,t) + u(x+h,t)}{h^2} + o(h^2) \end{cases}$$

对于格点 (x_i, t_k) 处的函数值 $u(x_i, t_k)$，简记为 u_i^k。忽略高阶无穷小项，并用差商代替微商，可以得到向前欧拉公式：

$$\begin{cases} \dfrac{u_i^{k+1} - u_i^k}{\tau} = v\,\dfrac{u_{i+1}^k - 2u_i^k + u_{i-1}^k}{h^2}, i = 1,2,\cdots,m-1; k = 0,1,\cdots,n-1 \\[3mm] u_i^0 = f(x_i), 0 \leqslant i \leqslant m \\[2mm] u_0^k = g_1(t_k), u_m^k = g_2(t_k), 0 < k \leqslant n \end{cases}$$

化简上式，可以得到迭代式如下所示：

$$u_i^{k+1} = \frac{v\tau}{h^2} u_{i-1}^k + \left(1 - 2\frac{v\tau}{h^2}\right)u_i^k + \frac{v\tau}{h^2} u_{i+1}^k, i = 1,2,\cdots,m-1; k = 0,1,\cdots,n-1$$

记 $\lambda = \dfrac{v\tau}{h^2}$ 为网比，表示与时间步长、空间步长相关的一个值。那么，上式可以整理为如下形式：

$$u_i^{k+1} = \lambda(u_{i-1}^k + u_{i+1}^k) + (1-2\lambda)u_i^k, i = 1,2,\cdots,m-1; k = 1,2,\cdots,n-1$$

对于第 $k+1$ 个时间层 t_{k+1} 上的数值解 $u_i^{k+1}(1 \leqslant i \leqslant m-1)$ 可以由第 k 层的已知信息 u_{i-1}^k、u_i^k 以及 u_{i+1}^k 显式表示出来，这是一个时间层进格式。例如，已知第 0 层的初始信息 $u_i^0(0 \leqslant i \leqslant m)$，可以利用上述迭代公式计算第 1 层的相关信息 $u_i^1(1 \leqslant i \leqslant m-1)$，结合边界条件信息 u_0^1 以及 u_m^1，便得到第 1 层的所有信息 $u_i^1(0 \leqslant i \leqslant m)$。如此一层一层地计算，可以得到所有网格点的信息，即所有网格点的数值解。

如果写成矩阵形式，迭代公式可以改写成如下格式：

$$\begin{bmatrix} u_1^{k+1} \\ u_2^{k+1} \\ \vdots \\ u_{m-2}^{k+1} \\ u_{m-1}^{k+1} \end{bmatrix} = \begin{bmatrix} 1-2\lambda & \lambda & & & 0 \\ \lambda & 1-2\lambda & \lambda & & \\ & \ddots & \ddots & \ddots & \\ 0 & \lambda & 1-2\lambda & \lambda \\ & & & \lambda & 1-2\lambda \end{bmatrix} \begin{bmatrix} u_1^k \\ u_2^k \\ \vdots \\ u_{m-2}^k \\ u_{m-1}^k \end{bmatrix} + \begin{bmatrix} \lambda g_1(t_k) \\ 0 \\ \vdots \\ 0 \\ \lambda g_2(t_k) \end{bmatrix}$$

上述矩阵运算形式较为简单，有助于求解热传导问题的数值解。然而，使得上述公式稳定是非常重要的。

　　一个数值格式的稳定性指的是当初始条件有微小误差时，如果用这个数值格式计算出的数值解与用准确的初始条件计算出的数值解误差不大，则称此格式稳定。如果初始小误差会引起解的较大误差，则称此格式不稳定。所以，数值格式的稳定性是考察一个算法是否有效的重要评价标准之一。分析显示向前差分公式稳定，当且仅当 $0 \leqslant \lambda \leqslant \dfrac{1}{2}$。这意味着步长 τ 必须满足 $\tau \leqslant \dfrac{h^2}{2v}$。如果条件得不到满足，则在 $u_i^{k_1}$ 行引入的误差会扩大后续的 $u_i^{k_2}$ 行的误差。

　　上述讨论的向前欧拉公式形式较为简单，并未考虑热源函数的影响。如果需要考虑热源函数 $\varphi(x,t)$，则矩阵迭代公式可以完善成如下格式：

$$
\begin{bmatrix} u_1^{k+1} \\ u_2^{k+1} \\ \vdots \\ u_{m-2}^{k+1} \\ u_{m-1}^{k+1} \end{bmatrix} = \begin{bmatrix} 1-2\lambda & \lambda & & & 0 \\ \lambda & 1-2\lambda & \lambda & & \\ & \ddots & \ddots & \ddots & \\ 0 & \lambda & & 1-2\lambda & \lambda \\ & & & \lambda & 1-2\lambda \end{bmatrix} \begin{bmatrix} u_1^{k} \\ u_2^{k} \\ \vdots \\ u_{m-2}^{k} \\ u_{m-1}^{k} \end{bmatrix}
$$

$$
+ \begin{bmatrix} \lambda g_1(t_k) + \tau\varphi(x_1,t_k) \\ \tau\varphi(x_2,t_k) \\ \vdots \\ \tau\varphi(x_{m-2},t_k) \\ \tau\varphi(x_{m-1},t_k) + \lambda g_2(t_k) \end{bmatrix}
$$

　　以下面热传导方程为例，结合 Python 软件说明如何利用向前欧拉公式法求解热传导方程的数值解。

$$
\begin{cases} \dfrac{\partial u}{\partial t} = \dfrac{\partial^2 u}{\partial x^2} + x\,\mathrm{e}^t - 6x, x \in (0,1), t \in (0,1] \\ u(x,0) = x^3 + x, 0 \leqslant x \leqslant 1 \\ u(0,t) = 0, u(1,t) = 1 + \mathrm{e}^t, 0 \leqslant t \leqslant 1 \end{cases}
$$

　　设置空间域步长参数 $h = 0.1$，时间域步长参数 $\tau = 0.01$，网比 $\lambda = 0.1 < 0.5$。Python 代码如下所示：

Python 代码

```
import numpy as np
import matplotlib. pyplot as plt
from matplotlib import cm
h = 0.1
k = 0.001
x = np. linspace(0,1,11)
t = np. linspace(0,1,1001)
Z = np. zeros([len(t),len(x)])
Z[:,0] = 0
for i in range(11):
    Z[0,i] = x[i] * * 3 + x[i];
for i in range(1001):
    Z[i,10] = 1 + np. exp(t[i])
for i in range(1,1001):
    for j in range(1,10):
        Z[i,j] = Z[i-1,j] + k/h * * 2 * (Z[i-1,j+1] + Z[i-1,j-1] - 2 * Z[i-1,j]) + k * (x[j] * np. exp(t[i]) - 6 * x[j])
X,T = np. meshgrid(x,t)
newshape = (X. shape[0]) * (X. shape[1])
x_input = X. reshape(newshape)
y_input = T. reshape(newshape)
z_input = Z. reshape(newshape)
fig = plt. figure()
ax = fig. add_subplot(111,projection = '3d')
ax. plot_trisurf(x_input,y_input,z_input,cmap = cm. rainbow)
plt. show()
```

运行如上 Python 程序后,可以得到温度、时间、空间三维结果如图 6-2 所示。

由于向前欧拉公式有稳定性条件(要求网比 $\lambda < 0.5$),而这需要时间步长比空间步长小很多才能达到这一条件,因此,在用程序实现差分格式时必

— 125 —

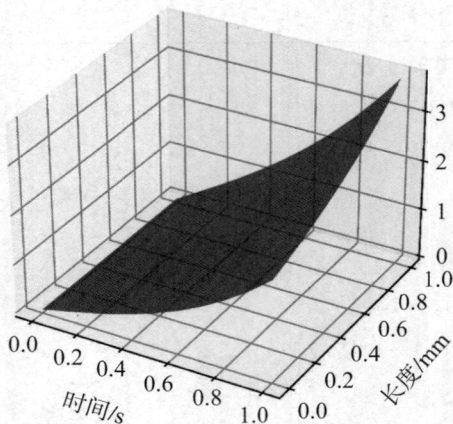

图 6-2　向前差分数值求解热传导方程结果示意图

须考虑步长的合理性。下面介绍一种向后的欧拉方法，该方法对时间以及空间步长没有限制条件，是一种隐式的差分格式。

与向前欧拉格式类似，需要对求解区域进行矩形网格剖分。如可以将空间 $[0,L]$ 等分成 m 份，节点为 $x_i = ih$，且 $h = \dfrac{L}{m}$；再将时间 $[0,T]$ 等分成 n 份，节点为 $t_k = k\tau$，且 $\tau = \dfrac{T}{n}$，从而得到网格 (x_i,t_k)，$0 \leqslant i \leqslant m$，$0 \leqslant k \leqslant n$。

然后，在网格节点建立节点离散方程。本质上是将在区域内处处成立的微分方程弱化为在节点上处处成立的离散方程。进而，建立差分格式，$\dfrac{\partial u}{\partial t}$ 与 $\dfrac{\partial^2 u}{\partial x^2}$ 的差分公式如下：

$$\begin{cases} \dfrac{\partial u}{\partial t} = \dfrac{u(x,t) - u(x,t-\tau)}{\tau} + o(\tau) \\[3mm] \dfrac{\partial^2 u}{\partial x^2} = \dfrac{u(x+h,t) - 2u(x,t) + u(x-h,t)}{h^2} + o(h^2) \end{cases}$$

对于格点 (x_i,t_k) 处的函数值 $u(x_i,t_k)$，简记为 u_i^k。忽略高阶无穷小项，并用差商代替微商，可以得到向后欧拉公式：

$$\begin{cases} \dfrac{u_i^k - u_i^{k-1}}{\tau} = v\,\dfrac{u_{i+1}^k - 2\,u_i^k + u_{i-1}^k}{h^2}, i = 1,2,\cdots,m-1; k = 1,2,\cdots,n \\ u_i^0 = f(x_i), 0 \leqslant i \leqslant m \\ u_0^k = g_1(t_k), u_m^k = g_2(t_k), 0 < k \leqslant n \end{cases}$$

仍记 $\lambda = \dfrac{v\tau}{h^2}$ 为网比,则上式可以整理为如下形式:

$$u_i^{k-1} = -\lambda(u_{i-1}^k + u_{i+1}^k) + (1+2\lambda)u_i^k, i = 1,2,\cdots,m-1; k = 1,2,\cdots,n$$

如果写成矩阵形式,迭代公式可以改写成如下格式:

$$\begin{bmatrix} 1-2\lambda & -\lambda & & & 0 \\ -\lambda & 1-2\lambda & -\lambda & & \\ \ddots & & \ddots & & \ddots \\ 0 & -\lambda & & 1+2\lambda & -\lambda \\ & & & -\lambda & 1+2\lambda \end{bmatrix} \begin{bmatrix} u_1^k \\ u_2^k \\ \vdots \\ u_{m-2}^k \\ u_{m-1}^k \end{bmatrix} = \begin{bmatrix} u_1^{k-1} + \lambda\, g_1(t_k) \\ u_2^{k-1} \\ \vdots \\ u_{m-2}^{k-1} \\ u_{m-1}^{k-1} + \lambda\, g_2(t_k) \end{bmatrix}$$

在每一个时间层都需要求解上述线性方程组,得到该层上各节点的数值解。因此,在每一个时间层都需要求解一个线性方程组,计算成本比较高。而向前欧拉格式则可以逐层单点直接求解。

如果需要考虑热源函数 $\varphi(x,t)$,则矩阵迭代公式可以完善成如下格式:

$$\begin{bmatrix} 1+2\lambda & -\lambda & & & 0 \\ -\lambda & 1+2\lambda & -\lambda & & \\ \ddots & & \ddots & & \ddots \\ 0 & -\lambda & & 1+2\lambda & -\lambda \\ & & & -\lambda & 1+2\lambda \end{bmatrix} \begin{bmatrix} u_1^k \\ u_2^k \\ \vdots \\ u_{m-2}^k \\ u_{m-1}^k \end{bmatrix}$$

$$= \begin{bmatrix} u_1^{k-1} + \lambda\, g_1(t_k) + \tau\varphi(x_1,t_k) \\ u_2^{k-1} + \tau\varphi(x_2,t_k) \\ \vdots \\ u_{m-2}^{k-1} + \tau\varphi(x_{m-2},t_k) \\ u_{m-1}^{k-1} + \lambda\, g_2(t_k) + \tau\varphi(x_{m-1},t_k) \end{bmatrix}$$

以上面提及的热传导方程为例,结合 Python 软件说明如何利用向后欧拉公式法求解热传导方程的数值解。

Python 代码	

```python
import numpy as np
import matplotlib. pyplot as plt
h = 0.01
k = 0.01
x = np. linspace(0,1,101)
t = np. linspace(0,1,101)
Z = np. zeros([len(t),len(x)])
Z[:,0] = 0
r = k/h * * 2
for i in range(101):
    Z[0,i] = x[i] * * 3 + x[i];
for i in range(101):
    Z[i,100] = 1 + np. exp(t[i])
for i in range(1,101):
    # 计算线性方程组的系数矩阵
    A = np. zeros([99,99])
    for j in range(99):
        A[j,j] = 1 + 2 * r
    for j in range(98):
        A[j + 1,j] = - r
        A[j,j + 1] = - r
    Temp1 = np. zeros([99,1])
    for j in range(98):
        Temp1[j] = Z[i -. 1,j + 1] + k * (x[j] * np. exp(t[i])
- 6 * x[j])
Temp1[98] = Z[i - 1,j + 1] + r * (1 + np. exp(t[i])) + k * (x[j] * np.
exp(t[i]) - 6 * x[j])
    # 解线性方程组
    Temp3 = np. linalg. solve(A,Temp1)
    Z[i,1:100] = Temp3. reshape(1,99)
```

```
X, T = np. meshgrid(x, t)
newshape = (X. shape[0]) * (X. shape[1])
x_input = X. reshape(newshape)
y_input = T. reshape(newshape)
z_input = Z. reshape(newshape)
fig = plt. figure()
ax = fig. add_subplot(111, projection = '3d')
ax. plot_trisurf(x_input, y_input, z_input)
plt. xlabel('时间(s)')
plt. ylabel('长度(min)')
plt. ylabel('长度(min)')
plt. show()
```

　　由于向后欧拉方法得到的数值解与向前欧拉方法得到的结果相近,故不在此处展示详细的结果。读者可以自行运行程序检验得到的结果。

　　在计算热传导方程时,向前欧拉方法的特点是简单、直接,但需要考虑显示差分格式的稳定性。只有在时间步长和空间步长的合理选取下,才能保障微分方程数值解的收敛性。然而,向后欧拉方法有效地弥补了这个缺点。实现向后欧拉方法时,不需要考虑时间步长和空间步长的选取。向后欧拉方法需要付出的代价是在每个时间层上都需要求解一个线性方程组,计算量会加大。

　　由 John Crank 和 Phyllis Nicholson 发明的隐式差分格式是基于求解网格中在行之间的点 $\left(x, t + \dfrac{\tau}{2}\right)$ 处方程的数值近似解。该方式是一个二阶无条件稳定的数值格式,其重要的思想就是将原方程弱化,使之在相邻时间层网格节点的中点处成立,而不是在网格节点处成立。

　　首先,对求解区域进行矩形网格剖分。如可以将空间 $[0, L]$ 等分成 m 份,节点为 $x_i = ih$,且 $h = \dfrac{L}{m}$;再将时间 $[0, T]$ 等分成 n 份,节点为 $t_k = k\tau$,且 $\tau = \dfrac{T}{n}$,从而得到网格 (x_i, t_k),$0 \leqslant i \leqslant m$,$0 \leqslant k \leqslant n$。

然后，在网格节点建立节点离散方程。本质上是将在区域内处处成立的微分方程弱化为在节点上处处成立的离散方程。进而，建立差分格式，$\frac{\partial u}{\partial t}$ 与 $\frac{\partial^2 u}{\partial x^2}$ 的差分公式如下：

$$\begin{cases} \dfrac{\partial u\left(x,t+\frac{\tau}{2}\right)}{\partial t} = \dfrac{u(x,t+\tau)-u(x,t)}{\tau}+o(\tau^2) \\[4mm] \dfrac{\partial^2 u\left(x,t+\frac{\tau}{2}\right)}{\partial x^2} = \dfrac{1}{2}\left(\dfrac{\partial^2 u(x,t)}{\partial x^2}+\dfrac{\partial^2 u(x,t+\tau)}{\partial x^2}\right) \end{cases}$$

将二阶导数信息代入上述方程组，可以得到：

$$\frac{\partial^2 u\left(x,t+\frac{\tau}{2}\right)}{\partial x^2}$$

$$= \frac{u(x-h,t+\tau)-2u(x,t+\tau)+u(x+h,t+\tau)+u(x-h,t)-2u(x,t)+u(x+h,t)}{2h^2}+o(h^2)$$

对于格点 (x_i,t_k) 处的函数值 $u(x_i,t_k)$，简记为 u_i^k。忽略高阶无穷小项，并用差商代替微商，可以得到 Crank-Nicolson 差分公式：

$$\begin{cases} \dfrac{u_i^{k+1}-u_i^k}{\tau} = v\,\dfrac{u_{i-1}^k-2u_i^k+u_{i+1}^k+u_{i-1}^{k+1}-2u_i^{k+1}+u_{i+1}^{k+1}}{2h^2}, \\[2mm] i=1,2,\cdots,m-1; k=0,1,\cdots,n-1 \\[2mm] u_i^0 = f(x_i),0\leqslant i\leqslant m \\[2mm] u_0^k = g_1(t_k),u_m^k = g_2(t_k),0<k\leqslant n \end{cases}$$

仍记 $\lambda=\dfrac{v\tau}{h^2}$ 为网比，则上式可以整理为如下形式：

$$-\frac{\lambda}{2}u_{i-1}^{k+1}+(1+\lambda)u_i^{k+1}-\frac{\lambda}{2}u_{i+1}^{k+1} = \frac{\lambda}{2}u_{i-1}^k+(1-\lambda)u_i^k+\frac{\lambda}{2}u_{i+1}^k$$

如果将上述迭代公式写成矩阵形式，可以整理改写成如下格式：

$$
\begin{bmatrix}
1+\lambda & -\dfrac{\lambda}{2} & & 0 \\
-\dfrac{\lambda}{2} & 1+\lambda & -\dfrac{\lambda}{2} & \\
& \ddots & \ddots & \ddots \\
0 & -\dfrac{\lambda}{2} & 1+\lambda & -\dfrac{\lambda}{2} \\
& & -\dfrac{\lambda}{2} & 1+\lambda
\end{bmatrix}
\begin{bmatrix}
u_1^{k+1} \\
u_2^{k+1} \\
\vdots \\
u_{m-2}^{k+1} \\
u_{m-1}^{k+1}
\end{bmatrix} =
$$

$$
\begin{bmatrix}
1-\lambda & \dfrac{\lambda}{2} & & 0 \\
\dfrac{\lambda}{2} & 1-\lambda & \dfrac{\lambda}{2} & \\
& \ddots & \ddots & \ddots \\
0 & \dfrac{\lambda}{2} & 1-\lambda & \dfrac{\lambda}{2} \\
& & \dfrac{\lambda}{2} & 1-\lambda
\end{bmatrix}
\begin{bmatrix}
u_1^{k} \\
u_2^{k} \\
\vdots \\
u_{m-2}^{k} \\
u_{m-1}^{k}
\end{bmatrix} +
\begin{bmatrix}
\dfrac{\lambda}{2}(u_0^{k+1}+u_0^{k}) \\
0 \\
\vdots \\
0 \\
\dfrac{\lambda}{2}(u_0^{k+1}+u_0^{k})
\end{bmatrix}
$$

由于 Crank-Nicolson 公式是一种无条件稳定的隐式迭代公式,可以设置 $\lambda=1$,即 $\tau=\dfrac{h^2}{v}$。那么,矩阵形式可改写成如下形式:

$$
\begin{bmatrix}
4 & -1 & & 0 \\
-1 & 4 & -1 & \\
& \ddots & \ddots & \ddots \\
0 & -1 & 4 & -1 \\
& & -1 & 4
\end{bmatrix}
\begin{bmatrix}
u_1^{k+1} \\
u_2^{k+1} \\
\vdots \\
u_{m-2}^{k+1} \\
u_{m-1}^{k+1}
\end{bmatrix}
$$

$$
=
\begin{bmatrix}
0 & 1 & & 0 \\
1 & 0 & 1 & \\
& \ddots & \ddots & \ddots \\
0 & 1 & 0 & 1 \\
& & 1 & 0
\end{bmatrix}
\begin{bmatrix}
u_1^{k} \\
u_2^{k} \\
\vdots \\
u_{m-2}^{k} \\
u_{m-1}^{k}
\end{bmatrix} +
\begin{bmatrix}
\lambda(u_0^{k+1}+u_0^{k}) \\
0 \\
\vdots \\
0 \\
\lambda(u_0^{k+1}+u_0^{k})
\end{bmatrix}
$$

如果需要考虑热源函数 $\varphi(x,t)$,则矩阵迭代公式可以完善成如下格式：

$$\begin{bmatrix} 4 & -1 & & & 0 \\ -1 & 4 & -1 & & \\ & \ddots & \ddots & \ddots & \\ 0 & & -1 & 4 & -1 \\ & & & -1 & 4 \end{bmatrix} \begin{bmatrix} u_1^{k+1} \\ u_2^{k+1} \\ \vdots \\ u_{m-2}^{k+1} \\ u_{m-1}^{k+1} \end{bmatrix}$$

$$= \begin{bmatrix} 0 & 1 & & & 0 \\ 1 & 0 & 1 & & \\ \ddots & \ddots & \ddots & & \\ & 0 & 1 & 0 & 1 \\ & & 1 & 0 \end{bmatrix} \begin{bmatrix} u_1^k \\ u_2^k \\ \vdots \\ u_{m-2}^k \\ u_{m-1}^k \end{bmatrix} + \begin{bmatrix} \lambda(u_0^{k+1} + u_0^k) + 2\tau\varphi(x_1, t_{k+\frac{1}{2}}) \\ 2\tau\varphi(x_2, t_{k+\frac{1}{2}}) \\ \vdots \\ 2\tau\varphi(x_{m-2}, t_{k+\frac{1}{2}}) \\ \lambda(u_0^{k+1} + u_0^k) + 2\tau\varphi(x_{m-1}, t_{k+\frac{1}{2}}) \end{bmatrix}$$

以上面提及的热传导方程为例，结合 Python 软件说明如何利用 Crank-Nicolson 方法求解热传导方程的数值解。

Python 代码	
``import numpy as np
import matplotlib. pyplot as plt
from matplotlib import cm
h = 0. 1
k = 0. 01
x = np. linspace(0,1,11)
t = np. linspace(0,1,101)
Z = np. zeros([len(t),len(x)])
Z[:,0] = 0
for i in range(11):
Z[0,i] = x[i] * * 3 + x[i];
for i in range(101):
Z[i,10] = 1 + np. exp(t[i])
A = np. zeros([9,9])
C = np. zeros([9,9])```	

```
D = np. zeros([9,1])
for j in range(9):
    A[j,j] = 4
for j in range(8):
    A[j+1,j] = -1
    A[j,j+1] = -1
    C[j+1,j] = 1
    C[j,j+1] = 1
B = np. linalg. inv(A)
E = np. dot(B,C)
for i in range(1,101):
    Temp1 = np. zeros([9,1])
    D[0] = Z[i,0] + Z[i-1,0] + 2 * k * (x[j] * np. exp((t[i] + t[i-
1])/2) - 6 * x[1])
    for j in range(1,8):
        D[j] = 2 * k * (x[j] * np. exp((t[i] + t[i-1])/2) - 6 * x[j+
1])
D[8] = Z[i,10] + Z[i-1,10] + 2 * k * (x[j] * np. exp((t[i] + t[i-
1])/2) - 6 * x[9])
# 解线性方程组
    Temp3 = np. dot(E,Z[i-1,1:10]. reshape(9,1)) + np. dot(B,D)
    Z[i,1:10] = Temp3. reshape(1,9)
X,T = np. meshgrid(x,t)
newshape = (X. shape[0]) * (X. shape[1])
x_input = X. reshape(newshape)
y_input = T. reshape(newshape)
z_input = Z. reshape(newshape)
fig = plt. figure()
ax = fig. add_subplot(111,projection = '3d')
ax. plot_trisurf(x_input,y_input,z_input)
plt. xlabel('时间 /s')
plt. ylabel('长度 /min')
plt. ylabel('长度 /min')
plt. show()
```

思考任务：

可以求解得到热传导方程的解析表达式为 $u(x,t) = x(x^2 + e^t)$，分析向前欧拉方法、向后欧拉方法、Crank-Nicolson 方法得到的结果精度。

自行学习数值求解格式解的存在唯一性、稳定性和收敛性等相关知识。

二维热传导问题是指将一个质点热源瞬时放在二维平面的介质中，研究随着时间的变化平面区域各点的温度变化情况。二维热传导方程的常用形式如下：

$$\frac{\partial u}{\partial t} = v\left(\frac{\partial^2 u}{\partial x^2} + \frac{\partial^2 u}{\partial y^2}\right), (x,y) \in D, t \in (0,T)$$

其中 $D = \{(x,y) \mid 0 < x < X, 0 < y < Y\}$ 为平面上某个矩形区域。在实际中，一般的初值和边值条件为

$$\begin{cases} u(x,y,0) = g(x,y), (x,y) \in \bar{D} \\ u(x,y,t)\Big|_{\partial D} = 0, t \in (0,T) \end{cases}$$

基于一维热传导模型方式，提出二维热传导方程的差分形式：

首先，将区间 $[0,X]$ 和 $[0,Y]$ 分别作 M 等分以及 N 等分，步长分别为 $h = \Delta x = \dfrac{X}{M}$ 和 $l = \Delta y = \dfrac{Y}{N}$，节点坐标分别为 $x_i = ih\,(i = 0,1,2,\cdots,M)$ 和 $y_j = jl\,(j = 0,1,2,\cdots,N)$。将时间区间 $[0,T]$ 作 Q 等分，步长为 $\tau = \Delta t = \dfrac{T}{Q}$，则节点坐标为 $t_k = k\tau\,(k = 0,1,2,\cdots,Q)$。对于三维坐标点 (x_i,y_j,t_k) 处的函数值 $u(x_i,y_j,t_k)$ 简记为 u_{ij}^k。进而，建立差分格式，$\dfrac{\partial u}{\partial t}$、$\dfrac{\partial^2 u}{\partial x^2}$ 与 $\dfrac{\partial^2 u}{\partial y^2}$ 的差分公式如下：

$$\begin{cases} \dfrac{\partial u}{\partial t} = \dfrac{u(x,y,t) - u(x,y,t-\tau)}{\tau} + o(\tau) \\[2mm] \dfrac{\partial^2 u}{\partial x^2} = \dfrac{u(x+h,y,t) - 2u(x,y,t) + u(x-h,y,t)}{h^2} + o(h^2) \\[2mm] \dfrac{\partial^2 u}{\partial y^2} = \dfrac{u(x,y+l,t) - 2u(x,y,t) + u(x,y-l,t)}{l^2} + o(l^2) \end{cases}$$

忽略高阶无穷小项,并用差商代替微商,可以得到向前欧拉公式如下:

$$\frac{u_{ij}^k - u_{ij}^{k-1}}{\tau} = v\left(\frac{u_{i+1,j}^k - 2u_{i,j}^k + u_{i-1,j}^k}{h^2} + \frac{u_{i,j+1}^k - 2u_{i,j}^k + u_{i,j-1}^k}{l^2}\right),$$

$$i = 1, 2, \cdots, M; j = 1, 2, \cdots, N; k = 1, 2, \cdots, Q$$

定义 $\delta_x^2 u_{ij}^k = u_{i+1,j}^k - 2u_{i,j}^k + u_{i-1,j}^k$, $\delta_y^2 u_{ij}^k = u_{i,j+1}^k - 2u_{i,j}^k + u_{i,j-1}^k$,则差分形式可以表达如下:

$$\frac{u_{ij}^k - u_{ij}^{k-1}}{\tau} = v\left(\frac{\delta_x^2 u_{ij}^k}{h^2} + \frac{\delta_y^2 u_{ij}^k}{l^2}\right), i = 1, 2, \cdots, M; j = 1, 2, \cdots, N; k = 1, 2, \cdots, Q$$

读者可借鉴一维热传导模型中的向后欧拉方法等其他差分格式进行二维热传导模型的数值求解。下面,以 2018 年全国大学生数学建模竞赛 A 题为例介绍热传导模型的具体应用。

6.2　热传导模型的数学建模案例

◉ **例**:在高温环境下工作时,人们需要穿着专用防火服装以避免被灼伤。专用防火服装通常由三层织物材料构成,记为 Ⅰ、Ⅱ、Ⅲ 层,其中 Ⅰ 层与外界环境接触,Ⅲ 层与皮肤之间还存在空隙,将此空隙记为 Ⅳ 层。

为设计专用防火服装,将体内温度控制在 37℃ 的假人放置在实验室的高温环境中,并测量假人皮肤外侧的温度。为了降低研发成本且缩短研发周期,请你们利用数学模型确定假人皮肤外侧的温度变化情况,并解决以下问题:

专用服装材料的某些参数值由附件 1 给出(见表 6-1),对环境温度为 75℃、Ⅱ 层厚度为 6mm、Ⅳ 层厚度为 5mm、工作时间为 90 分钟的情形开展实验,测量得到假人皮肤外侧的温度(见原题附件 2),如图 6-3 所示。建立数学模型,计算温度分布,并生成温度分布的 Excel 文件。

表 6-1　专用服装材料的参数值

分层	密度 /(kg/m³)	比热 /[J/(kg·℃)]	热传导率 /[W/(m·℃)]	厚度 /mm
Ⅰ 层	300	1377	0.082	0.6
Ⅱ 层	862	2100	0.37	0.6 ~ 25

续　表

分层	密度 /(kg/m³)	比热 /[J/(kg·℃)]	热传导率 /[W/(m·℃)]	厚度 /mm
Ⅲ 层	74.2	1726	0.045	3.6
Ⅳ 层	1.18	1005	0.028	0.6 ~ 6.4

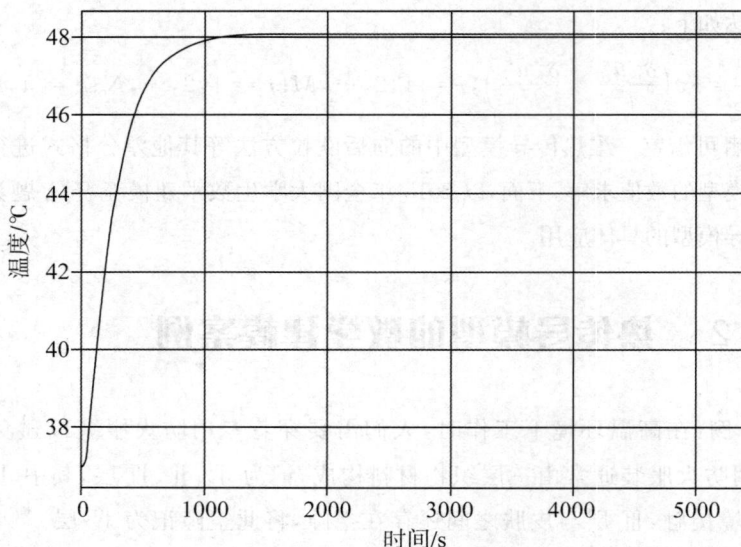

图 6-3　假人皮肤外侧的测量温度变化趋势图

说明：本题来源于 2018 年全国大学生数学建模竞赛 A 题，相关附件数据可以在竞赛官网历年赛题栏目下载（http://www.mcm.edu.cn）。

解答说明：

问题本质上是描述测试过程中实验环境与各层之间以及假人皮肤的传热过程。查阅资料发现，热力学过程有如下三种基本传热方式。

• 热传导：微观粒子热运动而产生的热能传递，固、液、气内部传热均存在热传导，主要基于傅里叶定律计算。

• 热对流：由流体宏观运动引起的热量传递过程，主要考虑流体与物体接触面的热交换，可以基于牛顿冷却公式计算。

• 热辐射：物体通过电磁波传递能量，可发生在任何物体中。

本题主要考虑建立热传导方程,热量传递过程如图 6-4 所示。

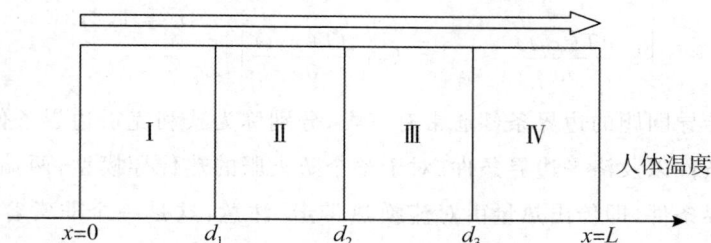

图 6-4　防火服热量传播过程示意

对于非稳态传热问题,依据能量守恒定律可以建立非稳态偏微分控制方程,即对任一微元体,其热力学能的变化(表现为温度变化)等于流入流出微元体热流量的差值。一般的控制方程如下:

$$\frac{\partial T(x,y,z,t)}{\partial t} = \frac{k}{c\rho}\left(\frac{\partial^2 T(x,y,z,t)}{\partial x^2} + \frac{\partial^2 T(x,y,z,t)}{\partial y^2} + \frac{\partial^2 T(x,y,z,t)}{\partial z^2}\right) + \frac{q}{c\rho}$$

其中,k、c、ρ 分别为介质的热传导率、比热与密度。$\dfrac{\partial T(x,y,z,t)}{\partial t}$ 描述温度随时间的变化规律,$\dfrac{\partial^2 T(x,y,z,t)}{\partial x^2}$、$\dfrac{\partial^2 T(x,y,z,t)}{\partial y^2}$、$\dfrac{\partial^2 T(x,y,z,t)}{\partial z^2}$ 描述温度随空间的变化规律,$\dfrac{q}{c\rho}$ 描述内部热源的影响。

在防火服测试实验环境中,各介质内均不含热源。因此,控制方程可以化简为如下形式:

$$\frac{\partial T(x,y,z,t)}{\partial t} = \frac{k}{c\rho}\left(\frac{\partial^2 T(x,y,z,t)}{\partial x^2} + \frac{\partial^2 T(x,y,z,t)}{\partial y^2} + \frac{\partial^2 T(x,y,z,t)}{\partial z^2}\right)$$

为进一步简化三维的热传导模型,可以将各分层视为平行无限大平板。此时,仅需要考虑厚度方向(即 x 方向)上的温度变化即可。因此,控制方程可以进一步化简为

$$\frac{\partial T(x,t)}{\partial t} = \frac{k}{c\rho}\frac{\partial^2 T(x,t)}{\partial x^2}$$

防火服由四层不同材质的材料组成,属于不均匀材料导热问题。假设材料之间的接触良好,可以忽略接触热阻。温度函数满足界面连续条件,即满足界面上温度与热流密度连续的条件,数学公式刻画如下:

$$\begin{cases} T(x,t)\Big|_{x=d_i^-} = T(x,t)\Big|_{x=d_i^+} \\ k_i\,\dfrac{\partial T(x,t)}{\partial x}\Big|_{x=d_i^-} = k_{i+1}\,\dfrac{\partial T(x,t)}{\partial x}\Big|_{x=d_i^-} \end{cases} \quad i=1,2,3$$

热传导问题的边界条件通常有三类,分别称为狄利克雷边界条件、诺依曼边界条件以及洛平边界条件。对于整个防火服的热传导模型,两端均为第三类边界条件,即传出热量由对流换热带走。注意:这是一个非常容易出错的概念,许多读者认为防火服的热传导模型属于第一类边界条件,这是错误的!

第三类边界条件的数学表达式如下:

$$\begin{cases} -k_1\,\dfrac{\partial T(x,t)}{\partial x}\Big|_{x=0} = h_1\big[T_e - T(0,t)\big] \\ -k_4\,\dfrac{\partial T(x,t)}{\partial x}\Big|_{x=L} = h_2\big[T(L,t) - T_p\big] \end{cases}$$

其中,h_1 与 h_2 分别 Ⅰ 层与实验室环境之间、Ⅳ 层与假人皮肤之间的对流热交换系数。h_1 与 h_2 属于模型待定的未知常数。T_e 与 T_p 分别表示实验室环境温度与假人体内的温度。L 表示四层防护服的厚度。本题中,$T_e = 75$,$T_p = 37$。

假设进入实验室高温环境前,人体与防火服已达到温度稳定状态,即防火服温度分布的初始值为假人的温度37℃。因此,微分方程模型的初始条件可以表示为

$$T(x,0) = T_p$$

实验室环境与 Ⅰ 层之间以及 Ⅳ 层与皮肤之间存在对流换热,而题目提供的附件中缺少相应的对流换热系数h_1 与 h_2。因而,考虑利用假人皮肤外侧的温度数据计算得到它们,最终确定热传导方程组。解决本任务的具体步骤分解如下:

(1) 列出各层满足的热传导方程,确定边界条件。此时,方程中含有未知的对流换热系数h_1 与 h_2。

(2) 求解热平衡状态下的热传导方程。由于平衡时皮肤外侧温度已知,由此列出h_1 与 h_2 满足的关系式。

（3）将 h_1 与 h_2 代入热传导方程，求解得到的温度分布。

由于上述求解过程涉及的参数 h_1 以及 h_2 为未知常量，需要利用题目所提供的假人皮肤外侧温度测量数据采用最小二乘法进行估计。估计这未知模型参数的最小二乘法数学模型展示如下：

$$\min \sum_{i=1}^{5400} \left[T(L, t_i, \hat{h_1}, h_2) - T^{(t_i)} \right]^2$$

$$s.t. \begin{cases} \text{控制方程}: \dfrac{\partial T(x,t)}{\partial t} = \dfrac{k}{c\rho} \dfrac{\partial^2 T(x,t)}{\partial x^2} (i=1,2,3,4) \\[2mm] \text{边界条件}: \begin{cases} -k_1 \left. \dfrac{\partial T(x,t)}{\partial x} \right|_{x=0} = h_1(T_e - T(0,t)) \\[2mm] -k_4 \left. \dfrac{\partial T(x,t)}{\partial x} \right|_{x=L} = h_2(T(L,t) - T_p) \end{cases} \\[6mm] \text{接触面条件}: \begin{cases} \left. T(x,t) \right|_{x=d_i^-} = \left. T(x,t) \right|_{x=d_i^+} \\[2mm] k_i \left. \dfrac{\partial T(x,t)}{\partial x} \right|_{x=d_i^-} = k_{i+1} \left. \dfrac{\partial T(x,t)}{\partial x} \right|_{x=d_i^-} \end{cases} (i=1,2,3) \\[6mm] \text{初始条件}: T(x,0) = T_p \end{cases}$$

其中，$T(t_i)$ 表示题目附件所提供数据中第 t_i 时刻对应的假人皮肤外侧表面温度。$T(L, t_i, \hat{h_1}, h_2)$ 表示在估计参数 h_1 与 h_2 计算得到的第 t_i 时刻对应的假人皮肤外侧表面温度。

对优化模型涉及的偏微分方程进行离散化求解。考虑到函数 $T(x,t)$ 具有时间与距离两重维度，故需要进行双重离散化处理。结合提供的附件数据特征，设置离散距离维度步长为 $q = 0.1\text{mm} = 1 \times 10^{-4}\text{m}$，设置离散时间维度步长为 $\tau = 1 \times 10^{-4}\text{s}$。此时，四层材质 $\lambda < \dfrac{1}{2}$，从而确保向前欧拉方法迭代的收敛性。然后，对题目提供的假人皮肤外侧温度以秒为单位开展采样。若时间步长设置过小，则需要对原始数据进行插值以获取更多的数据，并且向前欧拉方法的计算量也相对较大。因此，可以设置 $\tau = 1\text{s}$，同时采用向后欧拉法求解热传导方程的数值解以降低计算量。

对于同一材料介质而言，采用向后欧拉离散化控制方程形式如下，迭代形式如图 6-5 所示。

$$\frac{T(x_l,t_j)-T(x_l,t_{j-1})}{\tau}=\frac{k_i}{c_i\rho_i}\frac{T(x_{l+1},t_{j-1})-2T(x_l,t_{j-1})-T(x_{l-1},t_{j-1})}{q^2}$$

$$(i=1,2,3,4)$$

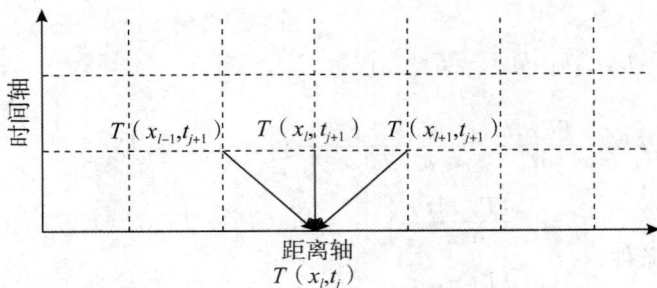

图 6-5   防火服单层介质热量传播过程示意

若记 $\lambda=\dfrac{k\tau}{c\rho\,q^2}$，$T(x_l,t_j)=T_l^j$，且把线性方程组写成矩阵形式，则迭代

公式可以改写成如下格式：

$$\begin{bmatrix} 1+2\lambda & -\lambda & & 0 \\ -\lambda & 1+2\lambda & -\lambda & \\ \ddots & \ddots & \ddots & \\ 0 & -\lambda & 1+2\lambda & -\lambda \\ & & -\lambda & 1+2\lambda \end{bmatrix}\begin{bmatrix} T_1^j \\ T_2^j \\ \vdots \\ T_{m-2}^j \\ T_{m-1}^j \end{bmatrix}=\begin{bmatrix} T_1^{j-1}+\lambda g_1(t_j) \\ T_2^{j-1} \\ \vdots \\ T_{m-2}^{j-1} \\ T_{m-1}^{j-1}+\lambda g_2(t_j) \end{bmatrix}$$

其中 $g_1(t_j)$ 和 $g_2(t_j)$ 表示在 t_j 时刻该介质两侧边界的温度。

对于两个不同材质接触面上的点而言，它们需要满足接触面条件。在上一步的基础上，通过求解线性方程组可以得到当前时刻各介质内部温度数据 $T(x_l,t_j)$，便可进行递推当前时刻的接触面温度数据（见图 6-6）。

离散化的接触面递推公式如下：

$$k_{i+1}\big[T(x_{l+1},t_j)-T(x_l,t_j)\big]=k_i\big[T(x_l,t_j)-T(x_{l-1},t_j)\big]$$

整理后可以得到

$$T(x_l,t_j)=\frac{k_i T(x_{l-1},t_j)+k_{i+1}T(x_{l+1},t_j)}{k_i+k_{i+1}}$$

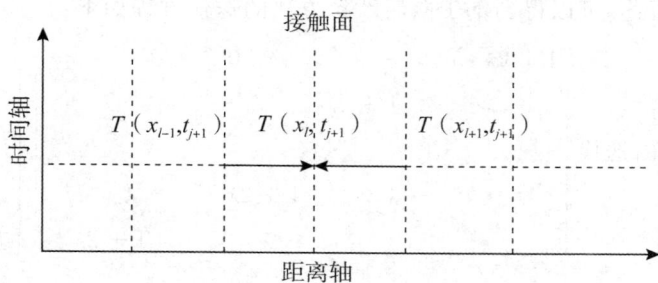

图 6-6　防火服接触面热量传播过程示意

对于边界上的点而言，它们需要满足边界条件。在第一步的基础上，已知当前时刻介质 Ⅰ 和介质 Ⅳ 内部温度数据 $T(x_l,t_j)$ 条件下，便可进行递推当前时刻的边界面温度数据（见图 6-7）。

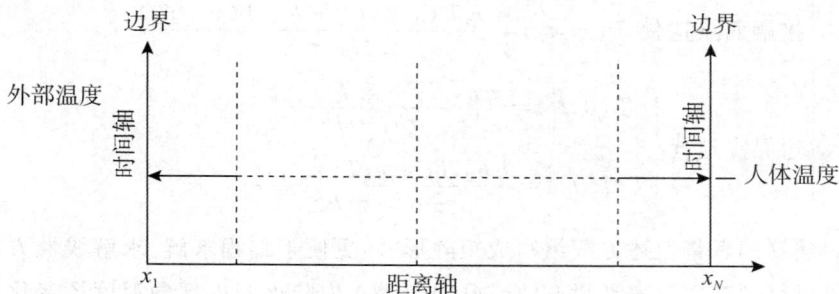

图 6-7　防火服边界面热量传播过程示意

第三类边界条件的离散递推公式如下：

$$\begin{cases} -k_1\dfrac{T(x_1,t_j)-T(0,t_j)}{q}=h_1\big[T_e-T(0,t_j)\big] \\[2mm] -k_4\dfrac{T(L,t_j)-T(x_{m-1},t_j)}{q}=h_2\big[T(L,t)-T_p\big] \end{cases}$$

整理后可以得到

$$\begin{cases} T(0,t_j)=\dfrac{qh_1T_e+k_1T(x_1,t_j)}{qh_1+k_1} \\[3mm] T(L,t_j)=\dfrac{qh_2T_p+k_4T(x_{m-1},t_j)}{qh_2+k_4} \end{cases}$$

综上所述,可以得到基于向后欧拉方法的迭代方程如下:

$$
\begin{cases}
\text{介质内迭代} \begin{bmatrix}
1+2\lambda & -\lambda & & & 0 \\
-\lambda & 1+2\lambda & -\lambda & & \\
& \ddots & \ddots & \ddots & \\
0 & & -\lambda & 1+2\lambda & -\lambda \\
& & & -\lambda & 1+2\lambda
\end{bmatrix}
\begin{bmatrix}
T_1^j \\
T_2^j \\
\vdots \\
T_{m-2}^j \\
T_{m-1}^j
\end{bmatrix} \\
\qquad\qquad =
\begin{bmatrix}
T_1^{j-1}+\lambda\,g_1(t_j) \\
T_2^{j-1} \\
\vdots \\
T_{m-2}^{j-1} \\
T_{m-1}^{j-1}+\lambda\,g_2(t_j)
\end{bmatrix} \\
\text{接触面点迭代 } T(x_l,t_j)=\dfrac{k_i\,T(x_{l-1},t_j)+k_{i+1}\,T(x_{l+1},t_j)}{k_i+k_{i+1}} \\
\text{边界点迭代}
\begin{cases}
T(0,t_j)=\dfrac{q\,h_1\,T_e+k_1\,T(x_1,t_j)}{q\,h_1+k_1} \\
T(L,t_j)=\dfrac{q\,h_2\,T_p+k_4\,T(x_{m-1},t_j)}{q\,h_2+k_4}
\end{cases}
\end{cases}
$$

建议读者将上述方程组写成矩阵形式,更便于编程求解。求解线性方程组可以得到在实验室环境 90 分钟(5400 秒)内防火服内部的温度场变化状况。由于求解线性方程组过程中涉及的参数 h_1 以及 h_2 为未知常量,需要利用题目所提供的假人皮肤外侧温度测量数据采用最小二乘法进行估计。

编写 Python 程序对热传导方程进行离散化并采用向后欧拉方法开展迭代求解,利用科学计算的优化模块中 minimize 函数求解参数估计的非线性优化模型。Python 软件 scipy. optimize 模块中 minimize 函数也可以用于求解非线性规划模型的最小值。当求目标函数最大化时,可采用取相反数的方式将最大化问题转化为最小化问题。minimize 函数命令调用方式如下:res = minimize (func, xo, constraints, method, options)。其中,res 表示优化模型的求解结果。函数的参数意义如下:func 表示优化模型的目标函数,xo 表示优化模型决策变量的迭代初始值,constrains 表示优化模型的约束条件,method 表示非线性规划模型的迭代方法,options 表示优化模型的选项。

相应的 Python 代码如下：

```
Python 代码

import pandas as pd
import numpy as np
# 读取原题所提供的数据
global A
A = pd. read_excel('cumcm2018. xlsx')
A = np. array(A)
H1 = np. arange(50,200,10)
H2 = np. arange(7,9,0.5)
rho = np. array([300,862,74. 2,1. 18])
c = np. array([1377,2100,1726,1005])
K = np. array([0. 082,0. 37,0. 045,0. 028])
# 计算网比
lam = K/c/rho/(10 * * — 4) * * 2
h = 0. 1
l = np. array([0,0. 6,6,3. 6,5])
# 离散计算每个介质的空间节点下标索引
inPt = [6,66,102]
P = []
for i in range(4):
    temp1 = []
    for j in range(round(sum(l[0:i + 1])/h) + 1,round(sum(l[0:i
+ 2])/h)):
        temp1. append(j)
P. append(temp1)
# 定义非线性优化模型的目标函数，为参数估计做准备
def obj(x):
    h1,h2 = x
    Z = np. zeros([5401,round(sum(l)/h) + 1])
Z[0,:] = 37
```

```
# 构造向后欧拉方法的系数矩阵
    B = np.zeros([round(sum(l)/h) + 1, round(sum(l)/h) + 1])
count = 0
# 构造同一介质内的系数矩阵参数
    for i in range(4):
        for j in range(len(P[i])):
            B[P[i][j]][P[i][j] - 1] = - lam[i]
            B[P[i][j]][P[i][j] + 1] = - lam[i]
            B[P[i][j]][P[i][j]] = 1 + 2 * lam[i]
    # 构造接触面的系数矩阵参数
    for i in range(3):
        B[inPt[i]][inPt[i]] = - K[i] - K[i + 1]
        B[inPt[i]][inPt[i] - 1] = K[i]
        B[inPt[i]][inPt[i] + 1] = K[i + 1]
    # 构造边界点的系数矩阵参数
    B[0][0] = K[0] + 10 ** - 4 * h1
    B[0][1] = - K[0]
    B[-1][-2] = - K[3]
    B[-1][-1] = K[3] + 10 ** - 4 * h2
    for i in range(1, 5401):
        Temp1 = np.zeros([round(sum(l)/h) + 1, 1])
        for j in range(len(Temp1)):
            Temp1[j] = Z[i - 1, j]
        Temp1[0] = 10 ** - 4 * h1 * 75
        Temp1[-1] = 10 ** - 4 * h2 * 37
        for j in range(3):
            Temp1[inPt[j]] = 0
        Temp2 = np.dot(np.linalg.inv(B), Temp1)
        for j in range(len(Temp2)):
            Z[i, j] = Temp2[j]
return sum((Z[1:, -1] - A[:, -1]) ** 2)
```

```
# 求解非线性优化模型
from scipy. optimize import minimize
res = minimize(obj,[110,10],bounds = [[50,200],[8,10]])
print(res)
# 将优化结果代入计算最优结果的温度场分布
h1 = res. x[0]
h2 = res. x[1]
Z = np. zeros([5401,round(sum(l)/h) + 1])
Z[0,:] = 37
B = np. zeros([round(sum(l)/h) + 1,round(sum(l)/h) + 1])
count = 0
for i in range(4):
    for j in range(len(P[i])):
        B[P[i][j]][P[i][j] - 1] = - lam[i]
        B[P[i][j]][P[i][j] + 1] = - lam[i]
        B[P[i][j]][P[i][j]] = 1 + 2 * lam[i]
for i in range(3):
    B[inPt[i]][inPt[i]] = - K[i] - K[i + 1]
    B[inPt[i]][inPt[i] - 1] = K[i]
    B[inPt[i]][inPt[i] + 1] = K[i + 1]
B[0][0] = K[0] + 10 * * - 4 * h1
B[0][1] = - K[0]
B[-1][-2] = - K[3]
B[-1][-1] = K[3] + 10 * * - 4 * h2
for i in range(1,5401):
    Temp1 = np. zeros([round(sum(l)/h) + 1,1])
    for j in range(len(Temp1)):
        Temp1[j] = Z[i - 1,j]
    Temp1[0] = 10 * * - 4 * h1 * 75
    Temp1[-1] = 10 * * - 4 * h2 * 37
    for j in range(3):
        Temp1[inPt[j]] = 0
```

```
    Temp2 = np. dot(np. linalg. inv(B), Temp1)
    for j in range(len(Temp2)):
        Z[i,j] = Temp2[j]
# 画图展示
import matplotlib. pyplot as plt
plt. rc('font', family = 'SimHei')
plt. plot(range(5400), Z[1:, -1], label = '模拟数据')
plt. plot(range(5400), A[:, -1], label = '测试数据')
plt. legend()
plt. xlabel('时间 /s')
plt. ylabel('温度 /C')
plt. show()
X, T = np. meshgrid(np. arange(0, sum(l) + h, h), range(5401))
newshape = (X. shape[0]) * (X. shape[1])
x_input = X. reshape(newshape)
y_input = T. reshape(newshape)
z_input = Z. reshape(newshape)
fig = plt. figure()
ax = fig. add_subplot(111, projection = '3d')
ax. plot_trisurf(x_input, y_input, z_input, cmap = 'rainbow')
plt. ylabel('时间 /s')
plt. xlabel('厚度 /mm')
plt. show()
```

通过运行上述 Python 程序,得到参数 $h_1 = 113.7703, h_2 = 8.3500$,均方根误差为 0.006。假人皮肤外侧温度的变化模拟数据与实际测量数据对比如图 6-8 所示。

从图 6-8 中不难发现假人皮肤外侧的模拟数据几乎与实验测试数据重合,继而从侧面说明求解非线性优化模型得到的热交换数据较为准确,可以科学地计算防火服内部温度场的变化。

通过 Python 程序计算得到 90 分钟(5400 秒)内防火服内部的温度场变化状况,如图 6-9 所示。

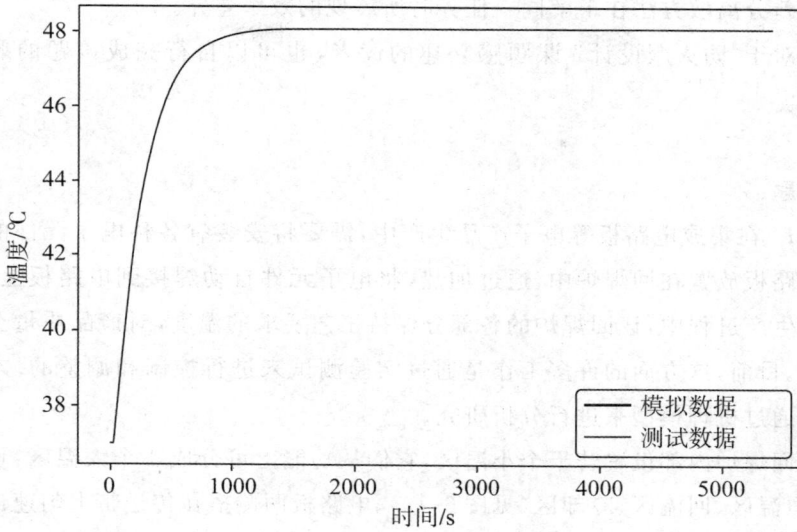

图 6-8　假人皮肤外侧温度对比结果

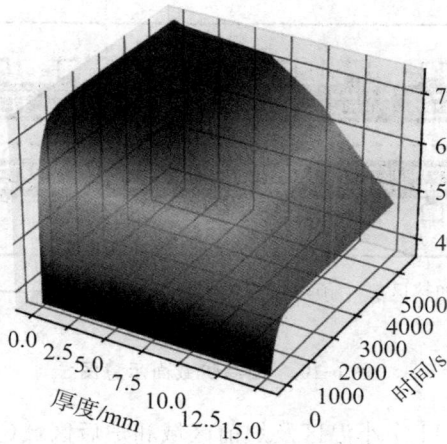

图 6-9　防护服的温度场变化

思考任务：

读者们可以思考如何基于向前欧拉法以及 Crank-Nicolson 方法编写
Python 程序求解上述防火服温度场分布的问题。同时，也可以对比分析不同的差分离散方法在求解同一任务时所展现的效率差异。

对于"防火服设计"课题感兴趣的读者,也可以自行完成该题的剩余任务。

讨论题:

1. 在集成电路板等电子产品生产中,需要将安装有各种电子元件的印刷电路板放置在回焊炉中,通过加热,将电子元件自动焊接到电路板上。在这个生产过程中,让回焊炉的各部分保持工艺要求的温度,对产品质量至关重要。目前,这方面的许多工作是通过实验测试来进行控制和调整的。本题旨在通过机理模型来进行分析研究。

回焊炉内部设置若干个小温区,它们从功能上可分成 4 个大温区:预热区、恒温区、回流区、冷却区(见图 6-10)。电路板两侧搭在传送带上匀速进入炉内进行加热焊接。

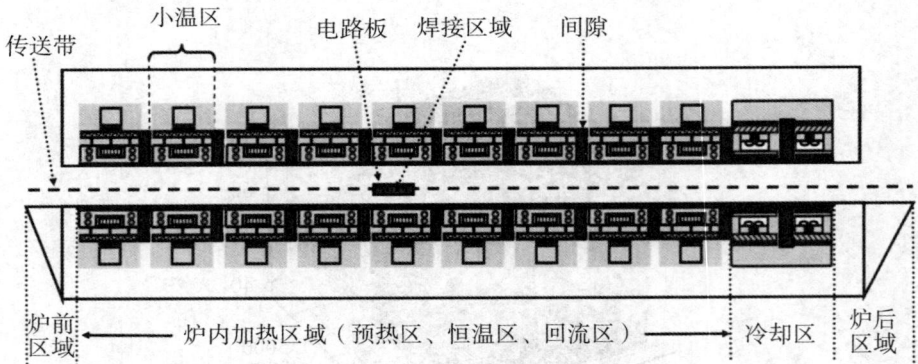

图 6-10　回焊炉截面示意图

某回焊炉内有 11 个小温区及炉前区域和炉后区域(见图 6-10),每个小温区长度为 30.5cm,相邻小温区之间有 5cm 的间隙,炉前区域和炉后区域长度均为 25cm。

回焊炉启动后,炉内空气温度会在短时间内达到稳定,此后,回焊炉方可进行焊接工作。炉前区域、炉后区域以及小温区之间的间隙不做特殊的温度控制,其温度与相邻温区的温度有关,各温区边界附近的温度也可能受到相邻温区温度的影响。另外，生产车间的温度保持在 25℃。

在设定各温区的温度和传送带的过炉速度后，可以通过温度传感器测试某些位置上焊接区域中心的温度，称之为炉温曲线（即焊接区域中心温度曲线）。附件是某次实验中炉温曲线的数据，各温区设定的温度分别为 175℃（小温区 1 ～ 5）、195℃（小温区 6）、235℃（小温区 7）、255℃（小温区 8 ～ 9）及 25℃（小温区 10 ～ 11）；传送带的过炉速度为 70cm/min；焊接区域的厚度为 0.15mm。温度传感器在焊接区域中心的温度达到 30℃ 时开始工作，电路板进入回焊炉时开始计时。

实际生产时可以通过调节各温区的设定温度和传送带的过炉速度来控制产品质量。在上述实验设定温度的基础上，各小温区设定温度可以进行 ±10℃ 范围内的调整。调整时要求小温区 1 ～ 5 中的温度保持一致，小温区 8 ～ 9 中的温度保持一致，小温区 10 ～ 11 中的温度保持 25℃。传送带的过炉速度调节范围为 65 ～ 100cm/min。

在回焊炉电路板焊接生产中，炉温曲线应满足一定的要求，称为制程界限（见表 6-2）。

表 6-2　制程界限

界限名称	最低值	最高值	单位
温度上升斜率	0	3	℃/s
温度下降斜率	−3	0	℃/s
温度上升过程中在 150 ～ 190℃ 的时间	60	120	s
温度大于 217℃ 的时间	40	90	s
峰值温度	240	250	℃

请你们团队回答下列问题：

问题 1　请对焊接区域的温度变化规律建立数学模型。假设传送带过炉速度为78cm/min，各温区温度的设定值分别为 173℃（小温区 1 ～ 5）、198℃（小温区 6）、230℃（小温区 7）和 257℃（小温区 8 ～ 9），请给出焊接区域中心的温度变化情况，列出小温区 3、6、7 中点及小温区 8 结束处焊接区域中心的温度，画出相应的炉温曲线，并将每隔0.5s焊接区域中心的温度存放在提供的 result.csv 中。

问题 2 假设各温区温度的设定值分别为 182℃（小温区 1～5）、203℃（小温区 6）、237℃（小温区 7）、254℃（小温区 8～9），请确定允许的最大传送带过炉速度。

问题 3 在焊接过程中，焊接区域中心的温度超过 217℃ 的时间不宜过长，峰值温度也不宜过高。理想的炉温曲线应使超过 217℃ 到峰值温度所覆盖的面积（图 6-11 中阴影部分）最小。请确定在此要求下的最优炉温曲线，以及各温区的设定温度和传送带的过炉速度，并给出相应的面积。

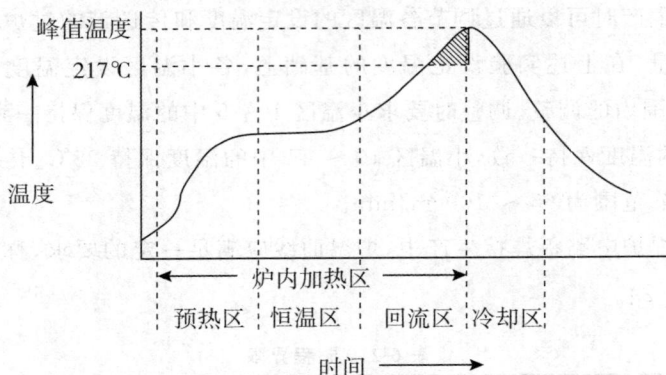

图 6-11 炉温曲线示意图

问题 4 在焊接过程中，除满足制程界限外，还希望以峰值温度为中心线的两侧超过 217℃ 的炉温曲线应尽量对称（见图 6-11）。请结合问题 3，进一步给出最优炉温曲线，以及各温区设定的温度及传送带过炉速度，并给出相应的指标值。

说明：本题来源于 2020 年全国大学生数学建模竞赛 A 题，相关附件数据可以在竞赛官网历年赛题栏目下载（http://www.mcm.edu.cn）。

2. 当使用一个矩形烤盘烘烤食物时，热量会集中在烤盘的四个角落。于是，角落处的食物就会被烤煳（烤盘边缘处也有类似情形，但程度轻一点）。而使用圆形烤盘时，热量会均匀地分布在整个表面上，不会发生边缘烤煳的现象。然而，由于大多数烤箱内部都是矩形的，如果使用圆形烤盘，就不能充分利用烤箱的内部空间。建立一个模型，描述热量在不同形状的烤盘表面的分布,包括矩形、圆形以及两者之间的过渡形状。

假设如下:烤箱内部形状为矩形,宽度与长度之比为 $W:L$;烤盘面积为 A;先考虑烤箱内有两个搁架且间隔均匀的情况。建立一个模型用以选择最佳烤盘的形状,条件如下:

(1) 使得烤箱中可以容纳的烤盘数量(N) 最大化;

(2) 使得烤盘上的热量分布(H) 最均匀;

结合(1)、(2)两个条件,分别设置权重 p 和 $(1-p)$,寻找最优解。然后描述随着 $W:L$ 和 p 值的变化结果如何改变。

3. 沥青路面由沥青混凝土层(12cm)、基层(18cm)、底基层(18cm)和土层(80cm)组成,土层下方为恒定温度边界(26℃)。其中四层材料的结构参数如表 6-3 所示。

表 6-3 结构参数表

结构层	密度 /(kg·m^{-3})	比热容 / (J·kg^{-1}K^{-1})	热传导率 / (J·m^{-1}·h^{-1}·℃$^{-1}$)
混凝土层	2100	900	4680
基层	1800	810	3888
底层	1600	810	4392
土层	1500	880	4392

当天的沥青表面温度测量数据如表 6-4 所示。

表 6-4 沥青表面温度测量数据

时间	0:00	2:00	4:00	6:00	8:00	10:00
温度 /℃	31.2	29.2	28.4	27.7	28.7	31.9
时间	12:00	14:00	16:00	18:00	20:00	22:00
温度 /℃	33.9	36.0	37.2	35.5	34.0	32.1

土层中间点的温度测量数据如表 6-5 所示。

表 6-5　土层中间点温度测量数据

时间	0:00	2:00	4:00	6:00	8:00	10:00
温度 /℃	29.0	28.9	28.9	28.8	28.6	28.4
时间	12:00	14:00	16:00	18:00	20:00	22:00
温度 /℃	28.2	28.4	28.6	28.8	28.9	29.0

请查阅相关背景资料,建立数学模型,计算各结构层交界面在整点时刻的温度。

4. 据统计,全球数据中心每年消耗的电量占全球总电量的 2% 左右,而其中能源消耗的成本占整个 IT 行业的 30% ~ 50%,特别是电子器件散热所需消耗的能量占比极大。

目前,国内大数据中心主要建设在内陆地区,但大数据中心建设在陆地上需要占用大量土地,冷却时需要消耗大量的电能和冷却水资源,并花费大量建设成本。由于沿海发达省市数据中心增长迅猛,类似的资源矛盾尤为突出。

"海底数据中心项目(Project UDC)"是将服务器等互联网设施安装在带有先进冷却功能的海底密闭的压力容器中,用海底复合缆供电,并将数据回传至互联网;海底数据中心通过与海水进行热交换,利用巨量流动海水对互联网设施进行散热,有效节约了能源。海底数据中心对岸上土地占用极少,没有冷却塔,无须消耗淡水,既可以包容海洋牧场、渔业网箱等生态类活动,又可与海上风电、海上石油平台等工业类活动互相服务。将数据中心部署在沿海城市的附近水域可以极大地缩短数据与用户的距离,不仅无须占用陆上资源,还能节约能源消耗,是完全绿色可持续发展的大数据中心解决方案。

据悉,2015 年 8 月,微软首次在美国西部加利福尼亚州一处海域对一个水下数据中心的原型机进行了测试。研究人员在位于美国西北部华盛顿州的微软总部办公室对其进行操控,为期 3 个月的测试取得了超出预期的成功。该水下数据中心原型机装配了传感器,可以感知压力、湿度等状况,帮助研究人员更好地了解其在水下环境的运行情况。2018 年,微软 Project Natick 项目在苏格兰海岸线附近的水域中实验性地部署了一个水下的数据中心。这是数据中心首次部署在海底,其被设计成集装箱样式,通过铺设的海底电缆与陆上操作中心相连。海底数据中心以城市工业用电为主,海上风能、太阳能、潮汐能等可再生能源为辅,具有低成本、低时延、高可靠性和高安全性的特点。据微软团队测算,海底数据中心的故障率是陆地的 1/8。

2021 年 1 月 10 日,由北京海兰信数据科技股份有限公司联合中国船舶集团广船国际有限公司打造的全国首个海底数据舱在珠海高栏港揭幕,标志着我国大数据中心走进了海洋时代。对于海底数据中心,如何在有限的体积内存放更多的服务器,且保证服务器工作过程中向海水中正常快速地散热是一项非常有挑战性的工作。现在请你参与到海底数据中心的优化设计,解决如下问题,并给微软、谷歌、华为等公司的海底数据中心的外壳散热提供设计方案。

问题 1　固体在液体中的冷却的方式主要是对流传热,对流传热可分为自然对流和强制对流。假定数据中心集装箱的尺寸为直径 1m、长 12m 的圆柱形,悬空放置(圆柱形轴线与海平面平行)在中国南海温度为 20℃ 的海域深度,其中单个 1U 服务器的产热为 500W(正常工作温度不能超过80℃),1U 服务器机箱的高度为 44.45mm,宽度为 482.6mm,长度为525mm,请评估单个集装箱外壳中最多可以放多少个服务器(仅考虑服务器的散热需求)。

问题 2　假定集装箱外壳最大尺寸不超过 1m×1m×12m,结合第一问的分析,研究如何设计集装箱外壳的结构(如在圆柱体、长方体等上考虑翅片结构),可以实现最大化的散热效果,即存放更多的服务器。

问题 3　较深的海水具有较低的温度,能取得更好的散热效果,同时增大的压力会对集装箱外壳的耐压能力提出更高的要求;值得注意的是海水本身是一种强的腐蚀介质,直接与海水接触的各种金属结构物都不可避免地受到海水的腐蚀。请在问题 2 的基础上进一步选择合适的材料和海底深度进行优化设计,进一步提高散热效果,并尽可能降低成本,提高使用年限。

问题 4　潮汐和季节会改变局部水位和温度,并带来暂时性的海水流动,可能对数据中心的散热带来一定影响。请考虑潮汐和季节变化等因素对海底数据中心集装箱散热效果的影响。

说明:本题来源于 2021 年 MathorCup 高校数学建模挑战赛 C 题。

5. 新型隔热材料 A 具有优良的隔热特性,在航天、军工、石化、建筑、交通等高科技领域中有着广泛的应用。目前,由单根隔热材料 A 纤维编织成的织物,其热导率可以直接测出;但是单根隔热材料 A 纤维的热导率(本题实验环境下可假定其为定值),因其直径过小,长径比(长度与直径的比值)较大,无法直接测量。单根纤维导热性能是织物导热性能的基础,也是建立基于纤维的各种织物导热模型的基础。建立一个单根隔热材料 A 纤维的热导率与织物整体热导率的传热机理模型成为研究重点。该模型不仅能得到单根隔热材料 A 纤维的热导率,解决当前单根 A 纤维热导率无法测量的技术难题,而且在建立的单根隔热材料 A 纤维热导率与织物热导率的关系模型的基础上,调控织物的编织结构,进行优化设计,能制作出可更好地满足在航天、军工、石化、建筑、交通等高科技领域需求的优异隔热性能织物。

织物是由大量单根纤维堆叠交织在一起形成的网状结构,本题只研究平纹织物,如图 6-12 和图 6-13 所示。不同直径纤维制成的织物,其基础结构参数不同,即纤维弯曲角度、织物厚度、经密、纬密等不同,从而影响织物的导热性能。本题假设任意单根 A 纤维的垂直切面为圆形,织物中每根纤维始终为一个有弯曲的圆柱。经纱、纬纱弯曲角度 θ 为 $10° < \theta \leqslant 26.565°$。

热导率是纤维和织物物理性质中最重要的指标之一。织物的纤维之间存在空隙,空隙里空气为静态空气,静态空气热导率为 $0.0296\ \mathrm{W/(m \cdot K)}$。计算织物热导率时既考虑纤维之间的传热,也不能忽略空隙中空气的传热。

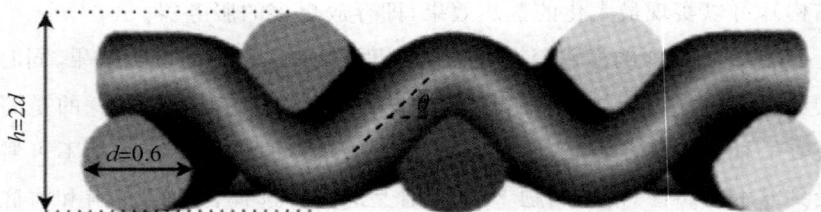

图 6-12　平纹织物截面示意

我们在 25℃ 实验室环境下,用 Hotdisk 装置对织物进行加热和测量,Hotdisk 恒定功率为 1mW,作用时间为 1s,在 0.1s 时热流恰好传递到织物

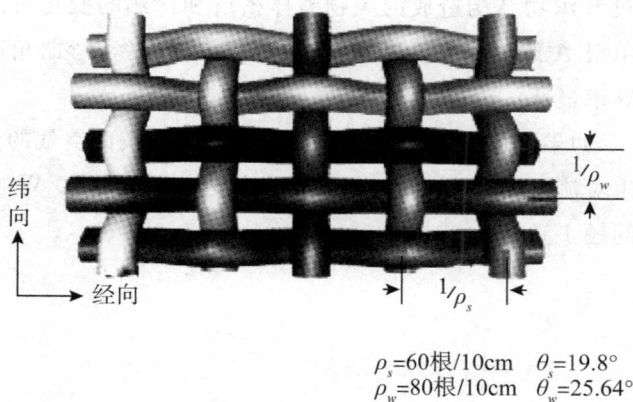

ρ_s=60根/10cm　θ_s=19.8°
ρ_w=80根/10cm　θ_w=25.64°

图 6-13　平纹织物模型表面

另一侧。实验测得 0 ~ 0.1s 之间织物位于热源一侧的温度随时间变化的数据见附件 1。

时刻 /s	温度 /℃
0	25.000
0.02	25.575
0.04	25.693
0.06	25.807
0.08	25.896
0.10	25.971

请建立数学模型,回答下列问题:

问题 1　假设附件 1 的温度为热源侧织物的表面温度,只考虑纤维传热和空隙间的气体传热,建立平纹织物整体热导率与单根纤维热导率之间关系的数学模型。在附件 2 的实验样品参数条件下,测得如图 6-13 所示的平纹织物的整体热导率为 0.033W/(m·K),请根据建立的数学模型计算出单根 A 纤维的热导率。

问题 2　假设:(1) 制成织物的任意单根 A 纤维的直径在 0.3 ~ 0.6mm²。(2) 织物位于热源一侧表面温度随时间的变化的数据依旧参考附件 1。(3) 温度和织物结构造成的织物整体密度和比热的变化可以忽略。请问如何选用单根 A 纤维的直径及调整织物的经密、纬密、弯曲角度,使得织物的整体热导率最低?

    问题 3   如果附件 1 的温度实际是热源侧织物表面空气的温度,此时该侧就会发生对流换热,假定织物表面的对流换热系数为 50 W/(m² · K),请重新解答问题 1 和问题 2。

第7章 泊松方程数学模型及其数值求解方法

泊松方程属于经典的二维椭圆型方程,在流体力学、弹性力学、电磁学、几何学等领域都有较为广泛的应用。一般的泊松方程形式为

$$-\Delta u = -\left(\frac{\partial^2 u}{\partial x^2} + \frac{\partial^2 u}{\partial y^2}\right) = f(x,y), (x,y) \in D$$

其中,D 是平面区域,其边界为 ∂D,$f(x,y)$ 为已知函数。

如果给出相应的边界条件 $u(x,y)\Big|_{\partial D} = g(x,y)$,则一起构成泊松方程的定解问题:

$$\begin{cases} -\Delta u = f(x,y), (x,y) \in D \\ u(x,y)\Big|_{\partial D} = g(x,y) \end{cases}$$

上述方程称为泊松方程的狄利克雷边值问题。

特别地,当 $f(x,y) \equiv 0$ 时,泊松方程则化简为拉普拉斯方程。此时,方程也被称为拉普拉斯方程的边值问题。

7.1 泊松方程模型的基础理论

考虑一个矩形区域 $D = [a,b] \times [c,d]$,在 x 方向对 $[a,b]$ 进行 m 等分,得到 $m+1$ 个节点 $x_i = a + i\Delta x, i = 0,1,2,\cdots,m$。其中,$\Delta x = h_x = \frac{b-a}{m}$。类似地,在 y 方向对 $[c,d]$ 进行 n 等分,得到 $n+1$ 个节点 $y_j = c + j\Delta y, j = 0,1,2,\cdots,n$。其中,$\Delta y = h_y = \frac{d-c}{n}$。因此,将矩形区域 D 分成 nm 个小矩形,

从而得到节点(x_i, y_j),如图 7-1 所示。

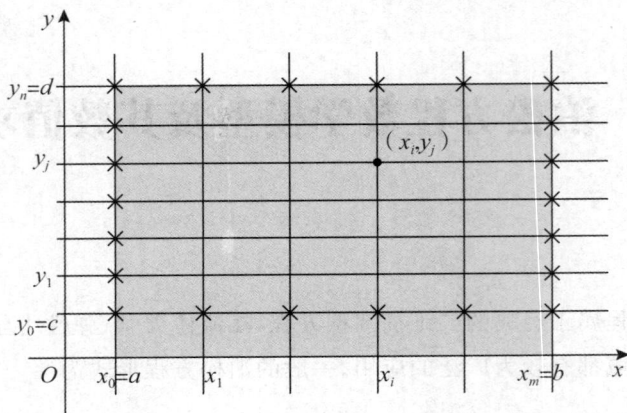

图 7-1　泊松方程离散图

将泊松方程弱化,使之仅在离散点处成立,在网格节点建立节点离散方程。本质上是将在区域内处处成立的微分方程弱化为在节点上处处成立的离散方程。进而,建立差分格式,$\dfrac{\partial^2 u}{\partial x^2}$ 与 $\dfrac{\partial^2 u}{\partial y^2}$ 的差分公式如下:

$$\begin{cases} \dfrac{\partial^2 u}{\partial x^2} = \dfrac{u(x+h_x, y) - 2u(x,y) + u(x-h_x, y)}{h_x^2} + o(h_x^2) \\ \dfrac{\partial^2 u}{\partial y^2} = \dfrac{u(x, y-h_y) - 2u(x,y) + u(x, y+h_y)}{h_y^2} + o(h_y^2) \end{cases}$$

对于格点(x_i, y_j)处的函数值$u(x_i, y_j)$,简记为u_{ij}。忽略高阶无穷小项,并用差商代替微商,可以得到拉普拉斯方程的向前欧拉公式:

$$\begin{cases} \dfrac{u_{i+1,j} - 2u_{ij} + u_{i-1,j}}{h_x^2} + \dfrac{u_{i,j+1} - 2u_{ij} + u_{i,j-1}}{h_y^2} = f(x_i, y_j) \\ u_{st} = \varphi(x_s, y_t), (x_s, y_t) \in \partial D \end{cases}$$

此格式每一步计算都要涉及 5 个点,除中心点外其余 4 个点正好位于一个菱形的 4 个顶点,这个格式也称为五点格式或者菱形差分格式,如图 7-2 所示。

如果将上述迭代公式写成矩阵形式,可以整理改写成如下格式:

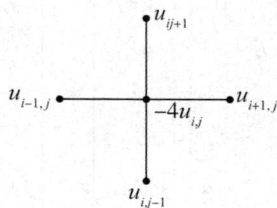

图 7-2　五点迭代公式示意

$$-\frac{1}{h_y^2}\begin{bmatrix}1 & & & 0\\ & 1 & & \\ & & \ddots & \\ 0 & & 1 & \\ & & & 1\end{bmatrix}\begin{bmatrix}u_{1,j-1}\\u_{2,j-1}\\\vdots\\u_{m-2,j-1}\\u_{m-1,j-1}\end{bmatrix}-\frac{1}{h_y^2}\begin{bmatrix}1 & & & 0\\ & 1 & & \\ & & \ddots & \\ 0 & & 1 & \\ & & & 1\end{bmatrix}\begin{bmatrix}u_{1,j+1}\\u_{2,j+1}\\\vdots\\u_{m-2,j+1}\\u_{m-1,j+1}\end{bmatrix}$$

$$+\begin{bmatrix}2\left(\frac{1}{h_x^2}+\frac{1}{h_y^2}\right) & -\frac{1}{h_x^2} & & 0\\ -\frac{1}{h_x^2} & 2\left(\frac{1}{h_x^2}+\frac{1}{h_y^2}\right) & -\frac{1}{h_x^2} & \\ \ddots & \ddots & & \ddots\\ 0 & -\frac{1}{h_x^2} & 2\left(\frac{1}{h_x^2}+\frac{1}{h_y^2}\right) & -\frac{1}{h_x^2}\\ & & -\frac{1}{h_x^2} & 2\left(\frac{1}{h_x^2}+\frac{1}{h_y^2}\right)\end{bmatrix}\begin{bmatrix}u_{1,j}\\u_{2,j}\\\vdots\\u_{m-2,j}\\u_{m-1,j}\end{bmatrix}=\begin{bmatrix}f(x_1,y_j)+\frac{1}{h_x^2}u_{0,j}\\f(x_3,y_j)\\\vdots\\f(x_{m-2},y_j)\\f(x_{m-1},y_j)+\frac{1}{h_x^2}u_{m,j}\end{bmatrix}$$

记 $2\left(\dfrac{1}{h_x^2}+\dfrac{1}{h_y^2}\right)=\alpha,\dfrac{1}{h_x^2}=\beta,\dfrac{1}{h_y^2}=\gamma$,则原数值格式写成如下形式：

$$\begin{bmatrix}-\gamma & & & 0\\ & -\gamma & & \\ & & \ddots & \\ 0 & & -\gamma & \\ & & & -\gamma\end{bmatrix}\begin{bmatrix}u_{1,j-1}\\u_{2,j-1}\\\vdots\\u_{m-2,j-1}\\u_{m-1,j-1}\end{bmatrix}-\begin{bmatrix}-\gamma & & & 0\\ & -\gamma & & \\ & & \ddots & \\ 0 & & -\gamma & \\ & & & -\gamma\end{bmatrix}\begin{bmatrix}u_{1,j+1}\\u_{2,j+1}\\\vdots\\u_{m-2,j+1}\\u_{m-1,j+1}\end{bmatrix}$$

$$+\begin{bmatrix} \alpha & & -\beta & & 0 \\ & \alpha & & -\beta & \\ -\beta & & \ddots & & \ddots \\ 0 & & -\beta & & \alpha \\ & & & -\beta & & \alpha \end{bmatrix}\begin{bmatrix} u_{1,j} \\ u_{2,j} \\ \vdots \\ u_{m-2,j} \\ u_{m-1,j} \end{bmatrix}=\begin{bmatrix} f(x_1,y_j)+\beta u_{0,j} \\ f(x_3,y_j) \\ \vdots \\ f(x_{m-2},y_j) \\ f(x_{m-1},y_j)+\beta u_{m,j} \end{bmatrix}$$

对于拉普拉斯方程,则上述线性方程组还可以进一步写成如下形式:

$$\begin{bmatrix} -\gamma & & & 0 \\ & -\gamma & & \\ & & \ddots & \\ 0 & & & -\gamma \\ & & & & -\gamma \end{bmatrix}\begin{bmatrix} u_{1,j-1} \\ u_{2,j-1} \\ \vdots \\ u_{m-2,j-1} \\ u_{m-1,j-1} \end{bmatrix}-\begin{bmatrix} -\gamma & & & 0 \\ & -\gamma & & \\ & & \ddots & \\ 0 & & & -\gamma \\ & & & & -\gamma \end{bmatrix}\begin{bmatrix} u_{1,j+1} \\ u_{2,j+1} \\ \vdots \\ u_{m-2,j+1} \\ u_{m-1,j+1} \end{bmatrix}$$

$$+\begin{bmatrix} \alpha & -\beta & & 0 \\ -\beta & \alpha & -\beta & \\ & \ddots & \ddots & \ddots \\ 0 & & -\beta & \alpha & -\beta \\ & & & -\beta & \alpha \end{bmatrix}\begin{bmatrix} u_{1,j} \\ u_{2,j} \\ \vdots \\ u_{m-2,j} \\ u_{m-1,j} \end{bmatrix}=\begin{bmatrix} \beta u_{0,j} \\ 0 \\ \vdots \\ 0 \\ \beta u_{m,j} \end{bmatrix}$$

上述线性方程组的系数矩阵是对称正定的,且绝大多数都是零元素。每一行中最多只有 5 个非零元素。对于阶数不高的线性方程组求解,直接法非常有效。若采用直接法求解阶数高、系数矩阵稀疏的线性方程组,需要存储大量的零元素。当线性方程组的规模比较大时,采用高斯消元法需要太多时间。这时,需要采用迭代法求解线性方程组。高斯消元法是一个 $O(n^3)$ 的浮点运算有限序列,经过有限步计算后可以得到理论上的精确解。然而,迭代法在经过有限步迭代后一般不产生精确解。迭代法在计算过程中逐渐减小误差,当误差小于容许值时停止迭代计算。当方程组的系数矩阵是严格对角占优矩阵时,迭代总是收敛的。

对于三个对立变量的泊松方程边值问题,一般形式为

$$\begin{cases} -\Delta u =-\left(\dfrac{\partial^2 u}{\partial x^2}+\dfrac{\partial^2 u}{\partial y^2}+\dfrac{\partial^2 u}{\partial z^2}\right)=f(x,y,z),(x,y,z)\in\Omega \\ u(x,y,z)\Big|_{\partial\Omega}=g(x,y,z) \end{cases}$$

其中，$f(x,y,z)$ 和 $g(x,y,z)$ 是三维空间的已知函数，其差分格式可以参考二维的泊松方程，数值求解也可以采用求解线性方程组的迭代方法。

7.2　泊松方程数值求解的迭代方法

为了减少运算量、节约内存，可以采用 Jacobi 迭代法、SOR 迭代法、Gauss-Seidel 迭代法等进行近似求解。读者可以参考"数值分析"课程的相关内容学习各种迭代方法的理论知识。

Jacobi 迭代公式如下所示：

$$u_{i,j}^{(m+1)} = \frac{1}{2\left(\frac{1}{h_x^2} + \frac{1}{h_y^2}\right)} \times \left[\frac{u_{i-1,j}^{(m)}}{h_x^2} + \frac{u_{i,j-1}^{(m)}}{h_y^2} + \frac{u_{i+1,j}^{(m)}}{h_x^2} + \frac{u_{i,j+1}^{(m)}}{h_y^2} - f(x_i, y_j)\right]$$

以下面泊松方程为例，结合 Python 程序说明如何利用 Jacobi 迭代公式求解泊松方程的数值解。

$$\begin{cases} \dfrac{\partial^2 u}{\partial x^2} + \dfrac{\partial^2 u}{\partial y^2} = (1 - \pi^2)\sin(\pi y), x \in (0,2), y \in (0,1) \\ u(0,y) = \sin(\pi y), u(2,y) = e^2 \sin(\pi y), 0 < y < 1 \\ u(x,0) = 0, u(x,1) = 0, 0 < x < 2 \end{cases}$$

设置空间域步长参数 $h_x = h_y = 0.02$，迭代次数上限为 10000。利用 Jacobi 迭代法的 Python 代码如下所示：

Python 代码

```python
import numpy as np
import math
import matplotlib. pyplot as plt
# 设置离散步长
h = 0.02
x = np. arange(0, h + 2, h)
y = np. arange(0, h + 1, h)
# 设置迭代次数上限
Kmax = 10000
```

```
Z = np.zeros([len(y),len(x)])
for i in range(len(y)):
    Z[i,0] = math.sin(math.pi * y[i])
    Z[i,len(x)-1] = math.exp(2) * math.sin(math.pi * y[i])
k = 1
# 进行 Jacobi 公式迭代
while k <= Kmax:
    ZZ = np.zeros([len(y),len(x)])
    for i in range(len(x)):
        ZZ[0,i] = Z[0,i]
        ZZ[len(y)-1,i] = Z[len(y)-1,i]
    for i in range(len(y)):
        ZZ[i,0] = math.sin(math.pi * y[i])
        ZZ[i,len(x)-1] = math.exp(2) * math.sin(math.pi * y[i])
    for i in range(1,len(y)-1):
        for j in range(1,len(x)-1):
            ZZ[i,j] = 1/(2*2/h**2) * (1/h**2 * (Z[i-1,j] +
Z[i+1,j] + Z[i,j-1] + Z[i,j+1]) + (-1 + math.pi**2) * math.
sin(math.pi * y[i]) * math.exp(x[j]))
    Z = ZZ
k = k+1
# 绘制三维图像
X,Y = np.meshgrid(x,y)
newshape = (X.shape[0]) * (X.shape[1])
x_input = X.reshape(newshape)
y_input = Y.reshape(newshape)
z_input = Z.reshape(newshape)
fig = plt.figure()
ax = fig.add_subplot(111,projection = '3d')
ax.plot_trisurf(x_input,y_input,z_input,cmap = 'rainbow')
plt.xlabel('x')
plt.ylabel('y')
plt.show()
```

运行如上 Python 程序后可以得到 x、y 与 $u(x,y)$ 的空间三维关系效果如图 7-3 所示,算法迭代过程中均方根误差收敛状况如图 7-4 所示。求解泊松方程的理论表达式为 $u(x,y)=\mathrm{e}^x\sin(\pi y)$。对结果进行误差分析,显示 Jacobi 迭代法的均方根误差 RSME 为 0.000521。

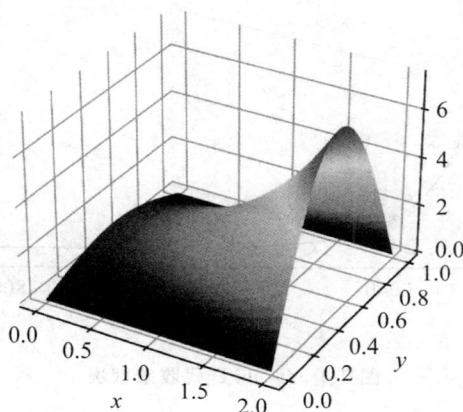

图 7-3　Jacobi 迭代求解泊松方程结果示意

求解泊松方程的 Gauss-Seidel 迭代法的公式如下所示:

$$u_{i,j}^{(m+1)} = \frac{1}{2\left(\dfrac{1}{h_x^2}+\dfrac{1}{h_y^2}\right)} \times \left[\frac{u_{i-1,j}^{(m+1)}}{h_x^2}+\frac{u_{i,j-1}^{(m+1)}}{h_y^2}+\frac{u_{i+1,j}^{(m)}}{h_x^2}+\frac{u_{i,j+1}^{(m)}}{h_y^2}+f(x_i,y_j)\right]$$

从上述形式不难发现,Jacobi 迭代公式与 Gauss-Seidel 公式几乎一样,但 Gauss-Seidel 公式及时利用了最新的迭代结果。在迭代过程中,一旦未知变量值有更新则立刻使用。因此,使得 Gauss-Seidel 迭代法往往比使用 Jacobi 迭代法的收敛效率更高。以上面提及的泊松方程为例,结合 Python 程序说明如何利用 Gauss-Seidel 迭代法求解泊松方程的数值解。

设置空间域步长参数 $h_x = h_y = 0.02$,迭代次数上限为 10000。利用 Gauss-Seidel 迭代法的 Python 代码如下所示:

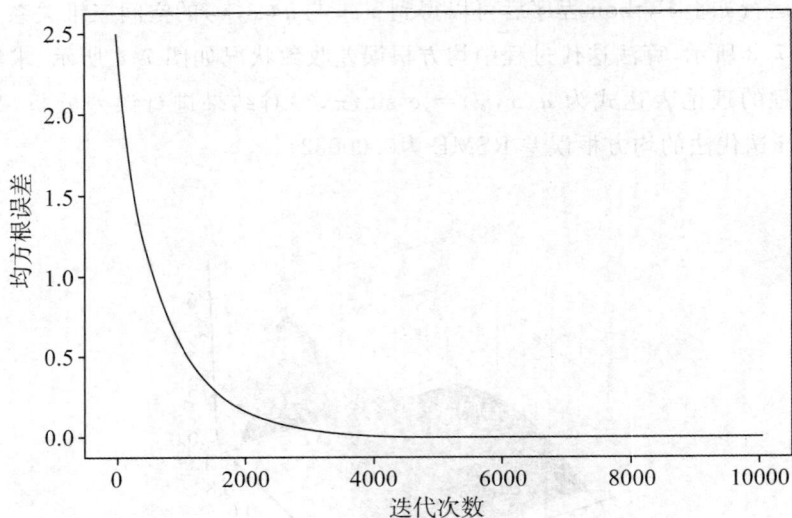

图 7-4　Jacobi 迭代收敛状况

Python 代码

```
import numpy as np
import math
import matplotlib. pyplot as plt
# 设置离散步长
h = 0. 02
x = np. arange(0,h + 2,h)
y = np. arange(0,h + 1,h)
# 设置迭代次数上限
Kmax = 10000
Z = np. zeros([len(y),len(x)])
for i in range(len(y)):
    Z[i,0] = math. sin(math. pi * y[i])
    Z[i,len(x) − 1] = math. exp(2) * math. sin(math. pi * y[i])
k = 1
# 进行 Gauss-Seidel 公式迭代
while k <= Kmax:
```

```
ZZ = np. zeros([len(y),len(x)])
for i in range(len(x)):
    ZZ[0,i] = Z[0,i]
    ZZ[len(y) − 1,i] = Z[len(y) − 1,i]
for i in range(len(y)):
    ZZ[i,0] = math. sin(math. pi * y[i])
    ZZ[i,len(x) − 1] = math. exp(2) * math. sin(math. pi * y[i])
for i in range(1,len(y) − 1):
    for j in range(1,len(x) − 1):
        ZZ[i,j] = 1/(2 * 2/h * * 2) * (1/h * * 2 * (ZZ[i − 1,j] +
Z[i + 1,j] + ZZ[i,j − 1] + Z[i,j + 1]) + (−1 + math. pi * * 2) * math.
sin(math. pi * y[i]) * math. exp(x[j]))
    Z = ZZ
k = k + 1
# 将迭代得到的结果输出
print(ZZ)
```

运行如上 Python 程序后可以得到 x、y 与 $u(x,y)$ 的空间三维关系效果如图 7-5 所示,算法迭代过程中均方根误差收敛状况如图 7-6 所示。对结果进行误差分析,显示 Gauss-Seidel 迭代法的均方根误差 RSME 为 0.000529。

对比 Jacobi 迭代法在 4000 次迭代后收敛,Gauss-Seidel 迭代法明显可以达到更高的收敛效率。图 7-6 提示,Gauss-Seidel 迭代法在 2000 次迭代前就可以达到收敛。

除了上述两种方法,逐次超松弛法(successive over relaxation,SOR)也可以被用于求解稀疏矩阵的线性方程组。SOR 方法是 Gauss-Seidel 迭代方法的一种变形。SOR 方法通过引入 ω 作为松弛因子,加快迭代的收敛速度。相关文献资料显示:如果方程组稀疏矩阵对称正定,则取 $0 < \omega < 2$ 时可以确保算法收敛。当松弛因子 $\omega = 1$ 时,SOR 方法就简化为 Gauss-Seidel 迭代方法;合理地选择参数 ω 决定了 SOR 方法比 Gauss-Seidel 方法更快收敛。

SOR 方法的迭代公式如下所示:

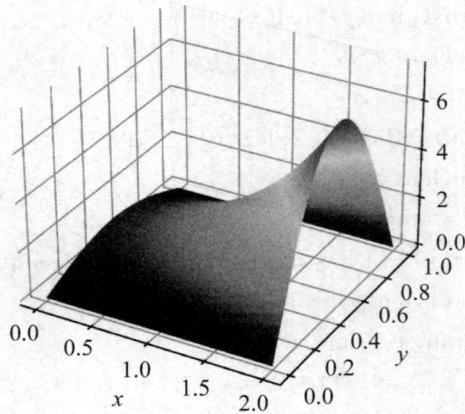

图 7-5　Gauss-Seidel 迭代求解泊松方程结果示意

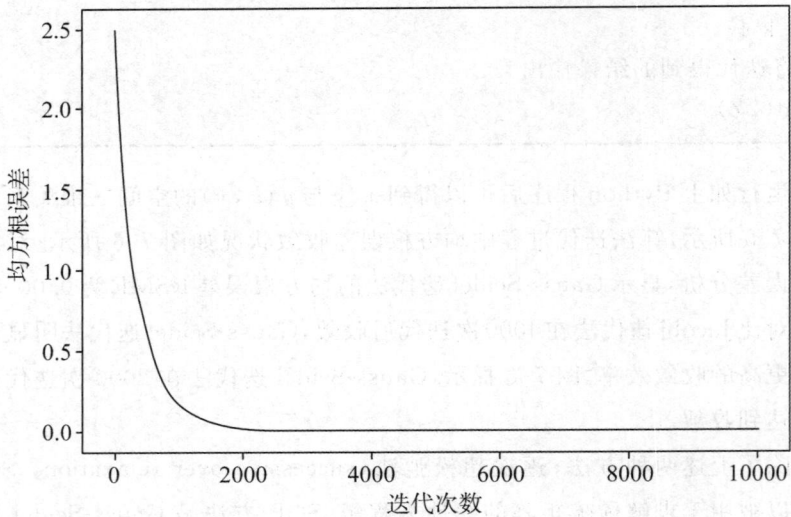

图 7-6　Gauss-Seidel 迭代收敛状况

$$\tilde{u}_{i,j}^{(m+1)} = \frac{1}{2\left(\dfrac{1}{h_x^2} + \dfrac{1}{h_y^2}\right)} \times \left[\frac{u_{i-1,j}^{(m+1)}}{h_x^2} + \frac{u_{i,j-1}^{(m+1)}}{h_y^2} + \frac{u_{i+1,j}^{(m)}}{h_x^2} + \frac{u_{i,j+1}^{(m)}}{h_y^2} + f(x_i, y_j)\right]$$

$$u_{i,j}^{(m+1)} = (1-\omega)u_{i,j}^{(m)} + \omega\tilde{u}_{i,j}^{(m+1)}, 0 < \omega < 2$$

以上面提及的泊松方程为例,结合 Python 程序说明如何利用 SOR 迭代方法求解泊松方程的数值解。

设置空间域步长参数 $h_x = h_y = 0.02$，迭代次数上限为 10000。利用 Gauss-Seidel 迭代法的 Python 代码如下所示：

Python 代码

```python
import numpy as np
import math
import matplotlib. pyplot as plt
h = 0. 02
x = np. arange(0,h+2,h)
y = np. arange(0,h+1,h)
# 设置迭代次数上限
Kmax = 10000
Z = np. zeros([len(y),len(x)])
for i in range(len(y)):
    Z[i,0] = math. sin(math. pi * y[i])
    Z[i,len(x)-1] = math. exp(2) * math. sin(math. pi * y[i])
k = 1
# 设置松弛因子
w = 1. 5
# 进行 SOR 公式迭代
while k <= Kmax:
    ZZ = np. zeros([len(y),len(x)])
    for i in range(len(x)):
        ZZ[0,i] = Z[0,i]
        ZZ[len(y)-1,i] = Z[len(y)-1,i]
    for i in range(len(y)):
        ZZ[i,0] = math. sin(math. pi * y[i])
        ZZ[i,len(x)-1] = math. exp(2) * math. sin(math. pi * y[i])
    for i in range(1,len(y)-1):
        for j in range(1,len(x)-1):
```

$$ZZ[i,j] = 1/(2 * 2/h * * 2) * (1/h * * 2 * (ZZ[i-1,j] +$$
$$Z[i+1,j] + ZZ[i,j-1] + Z[i,j+1]) + (-1 + math. pi * * 2) * math.$$
$$sin(math. pi * y[i]) * math. exp(x[j]))$$
$$ZZ[i,j] = ZZ[i,j] * w + (1-w) * Z[i,j]$$
$$Z = ZZ$$
$$k = k + 1$$

运行如上 Python 程序后得到结果显示:当松弛因子为 1.5 时,SOR 迭代法的均方根误差 RSME 为 0.000529。算法迭代过程中均方根误差收敛状况如图 7-7 所示。模拟松弛因子处于[0,2]区间时,均方根误差变化情况如图 7-8 所示。

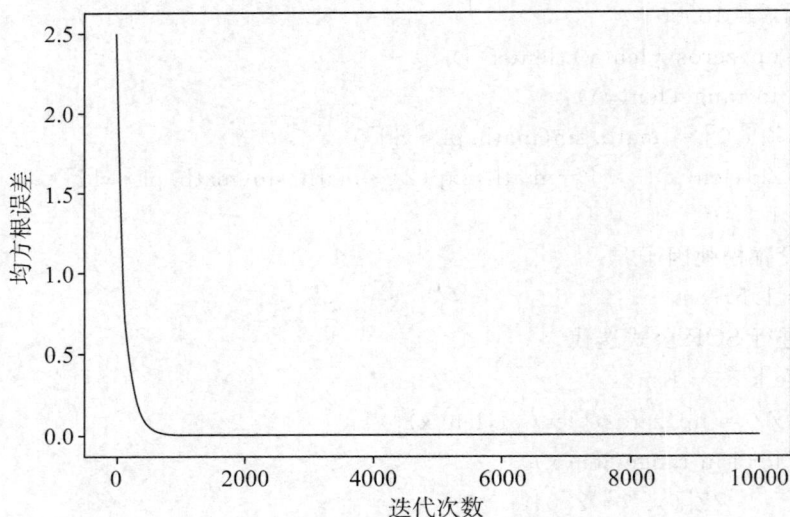

图 7-7　SOR 迭代收敛示意

对比图 7-4、图 7-6 以及图 7-7 可以发现,SOR 迭代方法在三种迭代方法中收敛最快,效率最高。

从图 7-8 中不难发现,不同的松弛因子所形成的均方根误差较大。因此,合理地选择松弛因子对最终结果将产生较大的影响。

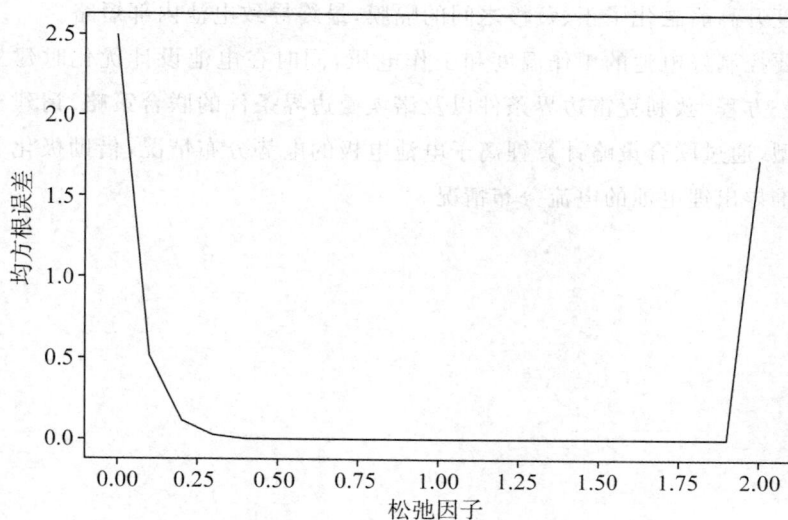

图 7-8　不同松弛因子的均方根误差敏感性分析

思考任务：

自行查阅资料，分析五点菱形格式的收敛性。

自行查阅资料，学习九点紧差分格式，并分析差分格式的收敛性。

讨论题：

在制备正极片时，需要将 $LiMn_{0.7}Fe_{0.3}PO_4$、$LiNi_{1/3}Co_{1/3}Mn_{1/3}O_4$、黏结剂聚偏氟乙烯、导电炭黑按照一定的比例混合均匀，利用 N- 甲基吡咯烷酮调浆后涂覆于铝箔上，然后在高温真空下干燥 5h 后将其压至 $135\mu m$ 厚，最后裁剪成规定尺寸的正极片。

通常情况下，锂离子电池正常的工作温度为 $-20 \sim 50℃$，工作电压为 $1.5 \sim 4.2V$。当工作温度超过此范围时，就会增加锂离子电池正、负极损坏的可能性，还有可能出现热逃逸现象，对于用户来说此问题是灾难性的。当工作电压超过范围时，也会导致电池化学结构的破坏，降低了稳定性。当锂离子电池处于高电压、高能量运行时，随着电池单元温度的逐渐升高，内部的放热现象也会加剧。如果不能采取有效的温度控制策略，电池温度持续升高并出现热逃逸现象，最终可能会爆炸。造成热逃逸的另一种情况是，当电池温度升高后融化了正、负极之间的隔膜,最终导致电池内部短路。

要控制好电池的工作温度和工作电压,同时在电池设计优化时建立基于泊松方程、狄利克雷边界条件以及诺埃曼边界条件的联合策略。请建立数学模型,通过联合策略计算锂离子电池电极的电势分布情况,借助极化表达方程推导出锂电池的电流分布情况。

第8章　　波动方程数学模型

双曲线型偏微分方程是一种偏微分方程,用于描述波动和振动现象,其应用范围广泛,包括但不限于激波、黏性等复杂情况,在海洋、气象等流体力学领域具有重要的实际意义。因此,对于这种类型的偏微分方程的求解具有十分重要的意义。在双曲线型偏微分方程中,波动方程是一种至关重要的形式,其在数学领域中扮演着不可或缺的角色。因此,研究波动方程具有十分重大的理论和实际意义。实际上,波动方程具有多种不同的应用形式和对应的定解问题。

8.1　单波方程模型的基础理论

一阶双曲线型方程(单波方程)是一种线性模型,最为简单。单波方程也称为对流方程,它有以下基本形式:

$$\frac{\partial u}{\partial t} + a\,\frac{\partial u}{\partial x} = 0, -\infty < x < +\infty, t > 0$$

当参数 $a > 0$ 时,表示单波向右传播;当 $a < 0$ 时,表示单波向左传播。两种不同形式下波形不变,且波速为 $|a|$。

如果给定单波方程模型的初值条件 $u(x,0) = \varphi(x)$,则相应初值问题的解形式可以如下表示:

$$u(x,t) = \varphi(x - at)$$

下面介绍单波方程模型的数值求解方法。

首先,将二维区域(时间区域与空间区域)进行矩形剖分。为简单起见,

对空间域和时间域分别作等间隔剖分。如空间步长为 h，时间步长为 τ。

然后，在网格节点建立节点离散方程。本质上是将在区域内处处成立的微分方程弱化为在节点上处处成立的离散方程。进而建立差分格式，$\dfrac{\partial u}{\partial t}$ 与 $\dfrac{\partial u}{\partial x}$ 的差分公式如下：

$$\begin{cases} \dfrac{\partial u}{\partial t} = \dfrac{u(x,t+\tau)-u(x,t)}{\tau} + o(\tau) \\[3mm] \dfrac{\partial u}{\partial x} = \dfrac{u(x+h,t)-u(x,t)}{h} + o(h) \end{cases}$$

对于格点 (x_i,t_k) 处的函数值 $u(x_i,t_k)$，简记为 u_i^k。忽略高阶无穷小项，并用差商代替微商，可以得到以下公式：

$$\begin{cases} \dfrac{u_i^{k+1}-u_i^k}{\tau} + a\dfrac{u_{i+1}^k-u_i^k}{h} = 0 \\[3mm] u_i^0 = \varphi(x_i) \end{cases}$$

化简上式，可以整理得到迭代式如下所示：

$$u_i^{k+1} = \left(1+\dfrac{a\tau}{h}\right)u_i^k - \dfrac{a\tau}{h}u_{i+1}^k$$

这是一种显式的差分格式，需要讨论迭代过程的收敛性。相关资料显示，当满足 $h \geqslant |a|\tau$ 时，这种差分格式是稳定的。对上述差分格式进行改进，对时间和空间的偏导数都采用二阶中心差商的方式近似，从而有以下差分格式：

$$\begin{cases} \dfrac{\partial u}{\partial t} = \dfrac{u(x,t+\tau)-u(x,t-\tau)}{2\tau} + o(\tau) \\[3mm] \dfrac{\partial u}{\partial x} = \dfrac{u(x+h,t)-u(x-h,t)}{2h} + o(h) \end{cases}$$

将上述差分格式代入单波方程，忽略高阶无穷小项，并用差商代替微商可以得到以下方程：

$$u_i^{k+1} + \dfrac{a\tau}{h}(u_{i+1}^k - u_{i-1}^k) - u_i^{k-1} = 0, i=1,2,\cdots,m-1; k=0,1,\cdots,n-1$$

通过引入中间变量 v_i^{k+1}，可以将线性方程改写成如下形式：

$$\begin{cases} u_i^{k+1} = -\dfrac{a\tau}{h}(u_{i+1}^k - u_{i-1}^k) + v_i^k \\ v_i^{k+1} = u_i^k \end{cases}$$

若写成矩阵形式，则有如下迭代方程：

$$\begin{bmatrix} u_i^{k+1} \\ v_i^{k+1} \end{bmatrix} = \begin{bmatrix} \dfrac{a\tau}{h} & 0 \\ 0 & 0 \end{bmatrix} \begin{bmatrix} u_{i-1}^k \\ v_{i-1}^k \end{bmatrix} + \begin{bmatrix} 0 & 1 \\ 1 & 0 \end{bmatrix} \begin{bmatrix} u_i^k \\ v_i^k \end{bmatrix} + \begin{bmatrix} -\dfrac{a\tau}{h} & 0 \\ 0 & 0 \end{bmatrix} \begin{bmatrix} u_{i+1}^k \\ v_{i+1}^k \end{bmatrix}$$

8.2　一维波动方程模型的基础理论

一维波动方程模型的一般形式如下：

$$\frac{\partial^2 u}{\partial t^2} = a^2 \frac{\partial^2 u}{\partial x^2}, -\infty < x < +\infty, t > 0$$

其中常数 $a > 0$。令 $\xi = x - at, \zeta = x + at$，则一维波动方程模型可以转化为如下更为简洁的形式：

$$\frac{\partial^2 u}{\partial \xi \partial \zeta} = 0$$

可以求得以上微分方程的解析表达式如下：

$$u = f_1(\xi) + f_2(\zeta) = f_1(x - at) + f_2(x + at)$$

若给定初值条件 $u(x,0) = \varphi(x), \dfrac{\partial u}{\partial t}\Big|_{t=0} = \psi(x)$，则可以得到一维波动方程模型初值问题的解为

$$u(x,t) = \frac{1}{2}[\varphi(x+at) + \varphi(x-at)] + \frac{1}{2a}\int_{x-at}^{x+at} \psi(\eta)\,\mathrm{d}\eta$$

下面介绍下述一维波动方程模型的数值求解方法。

$$\begin{cases} \dfrac{\partial^2 u}{\partial t^2} = a^2 \dfrac{\partial^2 u}{\partial x^2} + f(x,t), 0 < x < L, 0 < t \leqslant T \\ u(x,0) = \varphi(x), \dfrac{\partial}{\partial t}(x,0) = \psi(x), 0 \leqslant x \leqslant L \\ u(0,t) = \alpha(t), u(L,t) = \beta(x), 0 < t \leqslant T \end{cases}$$

首先，对二维区域（时间区域与空间区域）作矩形剖分。为简单起见，对空间域和时间域分别作等间隔剖分。如可以将空间域 $[0, L]$ 等分成 m 份，空

间节点坐标为 $x_i = ih$，且 $h = \dfrac{L}{m}$；再将时间域 $[0, T]$ 等分成 n 份，时间节点坐标为 $t_k = k\tau$，且 $\tau = \dfrac{T}{n}$。

然后，在网格节点建立节点离散方程。本质上是将在区域内处处成立的微分方程弱化为在节点上处处成立的离散方程。进而建立差分格式，$\dfrac{\partial^2 u}{\partial t^2}$ 与 $\dfrac{\partial^2 u}{\partial x^2}$ 的差分公式如下：

$$\begin{cases} \dfrac{\partial^2 u}{\partial t^2} = \dfrac{u(x, t+\tau) - 2u(x,t) + u(x, t-\tau)}{\tau^2} + o(\tau^2) \\ \dfrac{\partial^2 u}{\partial x^2} = \dfrac{u(x+h, t) - 2u(x,t) + u(x-h, t)}{h^2} + o(h^2) \end{cases}$$

对于格点 (x_i, t_k) 处的函数值 $u(x_i, t_k)$，简记为 u_i^k。将上述差分格式代入一维波动方程模型，忽略高阶无穷小项，并用差商代替微商，可以得到以下方程：

$$\begin{cases} a^2 \dfrac{u(x+h,t) - 2u(x,t) + u(x-h,t)}{h^2} - \dfrac{u(x,t+\tau) - 2u(x,t) + u(x,t-\tau)}{\tau^2} \\ = f(x,t) \\ u(x_i, t_0) = \varphi(x_i), \dfrac{u(x_i, t_0 + \tau) - u(x_i, t_0)}{\tau} = \psi(x_i) \\ u(x_0, t_k) = \alpha(t_k), u(x_m, t_k) = \beta(t_k) \end{cases}$$

对于格点 (x_i, t_k) 处的函数值 $u(x_i, t_k)$，简记为 u_i^k。忽略高阶无穷小项，并用差商代替微商，可以得到以下公式：

$$\begin{cases} \dfrac{u_i^{k+1} - 2u_i^k + u_i^{k-1}}{h^2} - a^2 \dfrac{u_{i+1}^k - 2u_i^k + u_{i-1}^k}{\tau^2} = f(x_i, t_k) \\ u_i^0 = \varphi(x_i), \dfrac{u_i^1 - u_i^0}{\tau} = \psi(x_i) \\ u_0^k = \alpha(t_k), u_m^k = \beta(t_k) \end{cases}$$

整理上述格式后得到以下三层显示格式：

$$\begin{cases} u_i^{k+1} = \dfrac{a^2 h^2}{\tau^2} u_{i-1}^k + 2\left(1 - \dfrac{a^2 h^2}{\tau^2}\right)u_i^k + \dfrac{a^2 h^2}{\tau^2} u_{i+1}^k - u_i^{k-1} \\ + \tau^2 f(x_i, t_k), 1 \leqslant i \leqslant m-1, 1 \leqslant k \leqslant n-1 \\ u_i^0 = \varphi(x_i), 0 \leqslant i \leqslant m; u_i^1 = u_i^0 + \tau\psi(x_i), 1 \leqslant i \leqslant m-1 \\ u_0^k = \alpha(t_k), u_m^k = \beta(t_k), 1 \leqslant k \leqslant n \end{cases}$$

如果仅讨论齐次方程以及零边界情况，则上式可以转化为

$$u_i^{k+1} = \dfrac{a^2 h^2}{\tau^2} u_{i-1}^k + 2\left(1 - \dfrac{a^2 h^2}{\tau^2}\right)u_i^k + \dfrac{a^2 h^2}{\tau^2} u_{i+1}^k - u_i^{k-1}$$

定义 $r = \dfrac{ah}{\tau}$，求解波动方程的格式模板如图 8-1 所示。

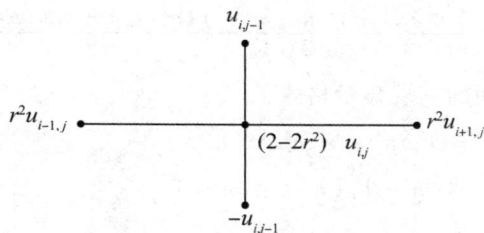

图 8-1　波动方程的求解模板

通过引入中间变量 v_i^{k+1}，将线性方程组改写成如下形式：

$$\begin{cases} u_i^{k+1} = r^2 u_{i-1}^k + 2(1-r^2)u_i^k + r^2 u_{i+1}^k - v_i^k \\ v_i^{k+1} = u_i^k \end{cases}$$

若写成矩阵形式，则有如下迭代方程：

$$\begin{bmatrix} u_i^{k+1} \\ v_i^{k+1} \end{bmatrix} = \begin{bmatrix} r^2 & 0 \\ 0 & 0 \end{bmatrix}\begin{bmatrix} u_{i-1}^k \\ v_{i-1}^k \end{bmatrix} + \begin{bmatrix} 2(1-r^2) & -1 \\ 1 & 0 \end{bmatrix}\begin{bmatrix} u_i^k \\ v_i^k \end{bmatrix} + \begin{bmatrix} r^2 & 0 \\ 0 & 0 \end{bmatrix}\begin{bmatrix} u_{i+1}^k \\ v_{i+1}^k \end{bmatrix}$$

上述差分格式的精度较低，主要因为在初始条件进行一阶偏导数近似时使用了精度较低的一阶向前差分近似。为提高差分格式的精度，可以考虑将关于时间的一阶偏导数用中心差商进行近似，即

$$\left.\dfrac{\partial u}{\partial t}\right|_{(x_i, t_0)} = \dfrac{u(x_i, t_1) - u(x_i, t_{-1})}{2\tau} + o(\tau^2)$$

将上述差分格式代入一维波动方程模型，可以得到改进后的数值格式如下：

$$\begin{cases} u_i^{k+1} = r^2\,u_{i-1}^k + 2(1-r^2)u_i^k + r^2\,u_{i+1}^k - u_i^{k-1} \\ \quad + \tau^2 f(x_i,t_k), 1 \leqslant i \leqslant m-1, 1 \leqslant k \leqslant n-1 \\ u_i^0 = \varphi(x_i), 0 \leqslant i \leqslant m; u_i^1 = u_i^{-1} + 2\tau\psi(x_i), 1 \leqslant i \leqslant m-1 \\ u_0^k = \alpha(t_k), u_m^k = \beta(t_k), 1 \leqslant k \leqslant n \end{cases}$$

上述操作将会引入新的虚拟越界点 u_i^{-1}，当 $k=0$ 也可以使得方程成立。

$$u_i^1 = r^2\,u_{i-1}^0 + 2(1-r^2)u_i^0 + r^2\,u_{i+1}^0 - u_i^{-1} + \tau^2 f(x_i,t_0)$$

通过求解方程，可以得到 u_i^{-1} 的表达式如下：

$$u_i^{-1} = r^2\,u_{i-1}^0 + 2(1-r^2)u_i^0 + r^2\,u_{i+1}^0 - u_i^1 + \tau^2 f(x_i,t_0), 1 \leqslant i \leqslant m-1$$

因此，边界条件可以重新写成如下形式：

$$u_i^1 = \frac{(r^2\,u_{i-1}^0 + 2(1-r^2)u_i^0 + r^2\,u_{i+1}^0 + \tau^2 f(x_i,t_0) + 2\tau\psi(x_i))}{2}, 1 \leqslant i \leqslant m-1$$

由此获得下面的三层显示格式：

$$\begin{cases} u_i^{k+1} = r^2\,u_{i-1}^k + 2(1-r^2)u_i^k + r^2\,u_{i+1}^k - u_i^{k-1} \\ \quad + \tau^2 f(x_i,t_k), 1 \leqslant i \leqslant m-1, 1 \leqslant k \leqslant n-1 \\ u_i^0 = \varphi(x_i), 0 \leqslant i \leqslant m; \\ u_i^1 = \dfrac{(r^2\,u_{i-1}^0 + 2(1-r^2)u_i^0 + r^2\,u_{i+1}^0 + \tau^2 f(x_i,t_0) + 2\tau\psi(x_i))}{2}, 1 \leqslant i \leqslant m-1 \\ u_0^k = \alpha(t_k), u_m^k = \beta(t_k), 1 \leqslant k \leqslant n \end{cases}$$

在使用上式时必须注意，如果计算的某个阶段带来的误差最终会越来越小，则迭代方法是稳定的。为了保证上式的稳定性，必须使 $r = \dfrac{ah}{\tau} \leqslant 1$。还存在其他一些差分方法，称为隐式方法，它们更难实现，但是对 r 无稳定性限制。

以下列的一维波动方程模型为例，结合 Python 程序阐述如何通过编程解决波动方程数值解问题。

$$\begin{cases} \dfrac{\partial^2 u(x,t)}{\partial t^2} - \dfrac{\partial^2 u(x,t)}{\partial x^2} = 2\,\mathrm{e}^t \sin t, x \in (0,\pi), y \in (0,1) \\ u(x,0) = \sin(x), \dfrac{\partial u(x,0)}{\partial t} = \sin(x), 0 \leqslant x \leqslant \pi \\ u(0,t) = 0, u(\pi,t) = 0, 0 < t < 1 \end{cases}$$

　　设置空间域步长参数 $h = 0.01$，时间域步长参数 $\tau = 0.01$，Python 代码如下所示：

Python 代码

```python
import numpy as np
import matplotlib. pyplot as plt
plt. rc('font',family = 'SimHei')
# 设置时间域和空间域的离散步长
h = 0.01
k = 0.01
x = np. arange(0,np. pi,h)
t = np. arange(0,1,k)
Z = np. zeros([len(t),len(x)])
lam = k * * 2/h * * 2
for i in range(len(x)):
Z[0,i] = np. sin(x[i])
# 进行网格迭代
for i in range(1,len(x)-1):
    Z[1,i] = (r * Z[0,i-1] + 2 * (1-r) * Z[0,i] + r * Z[0,i+1] +
k * * 2 * np. exp(t[0]) * np. sin(x[i]) + 2 * k * np. sin(x[i]))/2
for i in range(2,len(t)):
    for j in range(1,len(x)-1):
        Z[i,j] = (2-2 * lam) * Z[i-1,j]+lam * (Z[i-1,j+1]+Z[i
-1,j-1]) - Z[i-2,j] + 2 * k * * 2 * np. exp(t[i]) * np. sin(x[j])
# 绘制三维图
X,T = np. meshgrid(x,t)
newshape = (X. shape[0]) * (X. shape[1])
x_input = X. reshape(newshape)
y_input = T. reshape(newshape)
z_input = Z. reshape(newshape)
fig = plt. figure()
ax = fig. add_subplot(111,projection = '3d')
```

```
ax. plot_trisurf(x_input,y_input,z_input,cmap = 'rainbow')
plt. ylabel('t')
plt. xlabel('x')
plt. show()
```

运行如上 Python 程序后可以得到 x、t 与 $u(x,t)$ 的空间三维关系效果如图 8-2 所示。

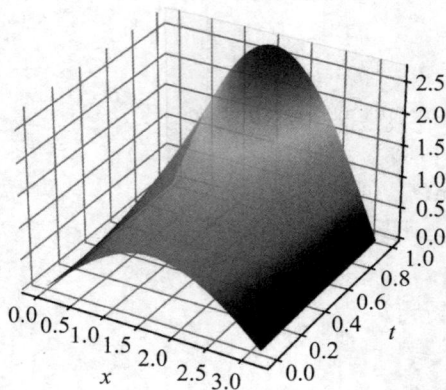

图 8-2　数值求解波动方程结果示意

由于显格式具有比较苛刻的稳定性要求，我们希望构造隐格式使得能够放松对步长的约束甚至解除约束。进而建立修改后的差分格式，$\dfrac{\partial^2 u}{\partial t^2}$ 与 $\dfrac{\partial^2 u}{\partial x^2}$ 的差分公式如下：

$$\begin{cases} \dfrac{\partial^2 u}{\partial t^2} = \dfrac{u(x,t+\tau)-2u(x,t)+u(x,t-\tau)}{\tau^2}+o(\tau^2) \\ \dfrac{\partial^2 u}{\partial x^2} = \dfrac{1}{2}\left[\begin{array}{l}\dfrac{u(x-h,t-\tau)-2u(x,t-\tau)+u(x+h,t-\tau)}{h^2} \\ +\dfrac{u(x-h,t+\tau)-2u(x,t+\tau)+u(x+h,t+\tau)}{h^2}\end{array}\right]+o(h^2) \end{cases}$$

将上述差分格式代入一维波动方程模型，忽略高阶无穷小项，并用差商代替微商，可以得到以下公式：

$$\frac{u(x_i,t_{k+1})-2u(x_i,t_k)+u(x_i,t_{k-1})}{\tau^2}-\frac{a^2}{2h^2}\Big[u(x_{i+1},t_{k-1})-2u(x_i,t_{k-1})+$$

$$u(x_{i-1},t_{k-1})+u(x_{i+1},t_{k+1})-2u(x_i,t_{k+1})+u(x_{i-1},t_{k+1})\Big]=f(x_i,t_k),1\leqslant i$$

$$\leqslant m-1,1\leqslant k\leqslant n-1$$

对于格点(x_i,t_k)处的函数值$u(x_i,t_k)$，简记为u_i^k，可以得到差分公式：

$$\begin{cases}\dfrac{u_i^{k+1}-2u_i^k+u_i^{k-1}}{\tau^2}-\dfrac{a^2}{2h^2}(u_{i+1}^{k-1}-2u_i^{k-1}+u_{i-1}^{k-1}+u_{i+1}^{k+1}-2u_i^{k+1}+u_{i-1}^{k+1})\\[2mm]=f(x_i,t_k),1\leqslant i\leqslant m-1,1\leqslant k\leqslant n-1\\[2mm]u_i^0=\varphi(x_i),0\leqslant i\leqslant m;\\[2mm]u_i^1=\dfrac{r^2u_{i-1}^0+2(1-r^2)u_i^0+r^2u_{i+1}^0+\tau^2f(x_i,t_0)+2\tau\psi(x_i)}{2},1\leqslant i\leqslant m-1\\[2mm]u_0^k=\alpha(t_k),u_m^k=\beta(t_k),1\leqslant k\leqslant n\end{cases}$$

整理上式，可以得到迭代式如下所示：

$$\begin{cases}-\dfrac{r^2}{2}u_{i-1}^{k+1}+(1+r^2)u_i^{k+1}-\dfrac{r^2}{2}u_{i+1}^{k+1}=2u_i^k+\dfrac{r^2}{2}(u_{i-1}^{k-1}+u_{i+1}^{k-1})-\Big(1+\dfrac{r^2}{2}\Big)u_i^{k-1}\\[2mm]\qquad\qquad+\tau^2f(x_i,t_k),1\leqslant i\leqslant m-1,1\leqslant k\leqslant n-1\\[2mm]\qquad\qquad u_i^0=\varphi(x_i),0\leqslant i\leqslant m;\\[2mm]u_i^1=\dfrac{r^2u_{i-1}^0+2(1-r^2)u_i^0+r^2u_{i+1}^0+\tau^2f(x_i,t_0)+2\tau\psi(x_i)}{2},1\leqslant i\leqslant m-1\\[2mm]\qquad\qquad u_0^k=\alpha(t_k),u_m^k=\beta(t_k),1\leqslant k\leqslant n\end{cases}$$

如果写成矩阵形式，迭代公式可以改写成如下格式：

$$\begin{bmatrix}1+r^2 & -\dfrac{r^2}{2} & 0 & & \\[2mm]-\dfrac{r^2}{2} & 1+r^2 & -\dfrac{r^2}{2} & & \\[2mm]& \ddots & \ddots & \ddots & \\[2mm]0 & -\dfrac{r^2}{2} & 1+r^2 & -\dfrac{r^2}{2} \\[2mm]& & -\dfrac{r^2}{2} & 1+r^2\end{bmatrix}\begin{bmatrix}u_1^{k+1}\\[2mm]u_2^{k+1}\\[2mm]\vdots\\[2mm]u_{m-2}^{k+1}\\[2mm]u_{m-1}^{k+1}\end{bmatrix}$$

$$
= \begin{bmatrix} 2\,u_1^k + \dfrac{r^2}{2}(u_0^{k-1} + u_2^{k-1}) - (1+r^2)u_1^{k-1} + \tau^2 f(x_1, t_k) + \dfrac{r^2}{2}\,u_0^{k+1} \\[2mm] 2\,u_2^k + \dfrac{r^2}{2}(u_1^{k-1} + u_3^{k-1}) - (1+r^2)u_2^{k-1} + \tau^2 f(x_2, t_k) \\[2mm] \vdots \\[2mm] 2\,u_{m-2}^k + \dfrac{r^2}{2}(u_{m-3}^{k-1} + u_{m-1}^{k-1}) - (1+r^2)u_{m-2}^{k-1} + \tau^2 f(x_{m-2}, t_k) \\[2mm] 2\,u_{m-1}^k + \dfrac{r^2}{2}(u_{m-2}^{k-1} + u_m^{k-1}) - (1+r^2)u_{m-1}^{k-1} + \tau^2 f(x_{m-1}, t_k) + \dfrac{r^2}{2}\,u_m^{k+1} \end{bmatrix}
$$

以上面提及的一维波动方程模型为例,结合 Python 程序说明如何求解波动方程的数值解。设置空间域步长参数 $h = 0.01$,时间域步长参数 $\tau = 0.01$,Python 代码如下所示:

Python 代码

```python
import numpy as np
h = 0.01
k = 0.01
x = np.arange(0,np.pi,h)
t = np.arange(0,1,k)
Z = np.zeros([len(t),len(x)])
r = k**2/h**2
for i in range(len(x)):
    Z[0,i] = np.sin(x[i])
for i in range(1,len(x)-1):
    Z[1,i] = (r*Z[0,i-1] + 2*(1-r)*Z[0,i] + r*Z[0,i+1] +
k**2*np.exp(t[0])*np.sin(x[i]) + 2*k*np.sin(x[i]))/2
A = np.zeros([len(x)-2,len(x)-2])
for i in range(len(x)-2):
    A[i,i] = 1+r
    if i >= 1:
        A[i,i-1] = -r/2
        A[i-1,i] = -r/2
for i in range(2,len(t)):
```

```
B = np. zeros([len(x) − 2,1])
for j in range(1,len(x) − 1):
        B[j − 1] = 2 * Z[i − 1,j] + r/2 * (Z[i − 2,j − 1] + Z[i − 2,j +
1]) − (1 + r) * Z[i − 2,j] + k * * 2 * np. exp(t[i − 1]) * np. sin(x[j]) * 2
B[0] = B[0] + r/2 * Z[i,0]
B[−1] = B[−1] + r/2 * Z[i, − 1]
Temp = np. linalg. solve(A,B)
for j in range(len(Temp)):
        Z[i,j + 1] = Temp[j]
```

思考任务:

可以求解得到波动方程的解析表达式为 $u(x,t) = e^t \sin x$,分析不同差分格式的结果精度。

8.3　二维波动方程模型的基础理论

首先,我们介绍如何求解二维波动方程模型的解析表达式。二维齐次波动方程的初值问题可以表述如下:

$$
\begin{cases}
\dfrac{\partial^2 u}{\partial t^2} = a^2 \left(\dfrac{\partial^2 u}{\partial x^2} + \dfrac{\partial^2 u}{\partial y^2} \right), (x,y) \in \Omega, 0 < t \leqslant T \\
u(x,y,0) = \varphi(x,y), \dfrac{\partial}{\partial t} u(x,y,0) = \psi(x,y), (x,y) \in \Omega
\end{cases}
$$

通过坐标变换可以将二维齐次波动方程转化为一维问题进行求解,可以得到问题的解形式如下:

$$
u(x,y,t) = \frac{1}{2\pi a} \frac{\partial}{\partial t} \iint_D \frac{\varphi(\alpha,\beta)}{\sqrt{(at)^2 - (\alpha - x)^2 - (\beta - y)^2}} \, \mathrm{d}\alpha \mathrm{d}\beta +
$$

$$
\frac{1}{2\pi a} \iint_D \frac{\varphi(\alpha,\beta)}{\sqrt{(at)^2 - (\alpha - x)^2 - (\beta - y)^2}} \, \mathrm{d}\alpha \mathrm{d}\beta
$$

其中,积分区域 $D = \{(\alpha,\beta) \mid (\alpha - x)^2 + (\beta - y)^2 \leqslant (at)^2\}$。

进而,我们讨论求解二维非齐次波动方程的初值问题,其形式如下所示：

$$\begin{cases} \dfrac{\partial^2 u}{\partial t^2} = a^2 \left(\dfrac{\partial^2 u}{\partial x^2} + \dfrac{\partial^2 u}{\partial y^2} \right) + f(x,y,t), (x,y) \in \Omega, 0 < t \leqslant T \\ u(x,y,0) = \varphi(x), \dfrac{\partial}{\partial t}(x,y,0) = \psi(x,y), (x,y) \in \Omega \end{cases}$$

根据叠加原理和齐次原理,得到二维非齐次波动方程初值问题的解形式如下：

$$u(x,y,t) = \frac{1}{2\pi a} \frac{\partial}{\partial t} \iint\limits_{D} \frac{\varphi(\alpha,\beta)}{\sqrt{(at)^2 - (\alpha-x)^2 - (\beta-y)^2}} \mathrm{d}\alpha \mathrm{d}\beta +$$

$$\frac{1}{2\pi a} \iint\limits_{D} \frac{\varphi(\alpha,\beta)}{\sqrt{(at)^2 - (\alpha-x)^2 - (\beta-y)^2}} \mathrm{d}\alpha \mathrm{d}\beta +$$

$$\frac{1}{2\pi a} \int_0^{at} \iint\limits_{D_\tau} \frac{\varphi\left(\alpha,\beta,t-\dfrac{\alpha}{\tau}\right)}{\sqrt{\tau^2 - (\alpha-x)^2 - (\beta-y)^2}} \mathrm{d}\alpha \mathrm{d}\beta \mathrm{d}\tau$$

其中,积分区域 $D_\tau = \{(\alpha,\beta) \mid (\alpha-x)^2 + (\beta-y)^2 \leqslant \tau^2\}$。

然后,我们讨论二维曲线方程问题的数值求解方法。

$$\begin{cases} \dfrac{\partial^2 u}{\partial t^2} = a^2 \left(\dfrac{\partial^2 u}{\partial x^2} + \dfrac{\partial^2 u}{\partial y^2} \right) + f(x,y,t), (x,y) \in \Omega = [0,a] \times [0,b], 0 < t \leqslant T \\ u(x,y,0) = \varphi(x), \dfrac{\partial}{\partial t}(x,y,0) = \psi(x,y), (x,y) \in \Omega \\ u(0,y,t) = g_1(y,t), u(a,y,t) = g_2(y,t) \\ u(x,0,t) = g_1(x,t), u(x,b,t) = g_2(x,t) \end{cases}$$

进行网格剖分,在三维长方体空间进行网格剖分,将区域 $[0,a]$ 进行 m 等分,将区域 $[0,b]$ 进行 n 等分,将区域 $[0,T]$ 进行 l 等分。则节点坐标 $x_i = i\Delta x = \dfrac{ia}{m}$,$y_j = j\Delta y = \dfrac{jb}{n}$,$t_k = k\Delta t = \dfrac{kT}{l}$,从而得到网格节点坐标 (x_i, y_j, t_k),利用数值方法获得精确解 $u(x,y,t)$ 在网格节点 (x_i, y_j, t_k) 处的近似值,即数值解 $u_{i,j}^k$。

然后,在网格节点建立节点离散方程。本质上是将在区域内处处成立的微分方程弱化为在节点上处处成立的离散方程。进而建立差分格式,$\dfrac{\partial^2 u}{\partial t^2}$、$\dfrac{\partial^2 u}{\partial x^2}$ 与 $\dfrac{\partial^2 u}{\partial y^2}$ 的差分公式如下：

$$\begin{cases}\dfrac{\partial^2 u}{\partial t^2}=\dfrac{u(x,y,t+\Delta t)-2u(x,y,t)+u(x,y,t-\Delta t)}{\Delta t^2}+o(\Delta t^2)\\[2mm]\dfrac{\partial^2 u}{\partial x^2}=\dfrac{u(x+\Delta x,y,t)-2u(x,y,t)+u(x-\Delta x,y,t)}{\Delta x^2}+o(\Delta x^2)\\[2mm]\dfrac{\partial^2 u}{\partial y^2}=\dfrac{u(x,y+\Delta y,t)-2u(x,y,t)+u(x,y-\Delta y,t)}{\Delta y^2}+o(\Delta y^2)\end{cases}$$

对于格点 (x_i,y_j,t_k) 处的函数值 $u(x_i,y_j,t_k)$，简记为 $u_{i,j}^k$。忽略高阶无穷小项，并用差商代替微商，可以得到以下公式：

$$\begin{cases}\dfrac{u_{i,j}^{k-1}-2u_{i,j}^k+u_{i,j}^{k+1}}{\Delta t^2}-\left(\dfrac{u_{i-1,j}^k-2u_{i,j}^k+u_{i+1,j}^k}{\Delta x^2}+\dfrac{u_{i,j-1}^k-2u_{i,j}^k+u_{i,j+1}^k}{\Delta y^2}\right)\\[2mm]\quad=f(x_i,y_j,t_k),1\leqslant i\leqslant m-1,1\leqslant j\leqslant n-1,1\leqslant k\leqslant l-1\\[2mm]u_{i,j}^0=\varphi(x_i,y_j),u_{i,j}^1=u_{i,j}^{-1}+2\Delta t\psi(x_i,y_j),0\leqslant i\leqslant m,0\leqslant j\leqslant n\\[2mm]u_{0,j}^k=g_1(y_j,t_k),u_{m,j}^k=g_2(y_j,t_k),0\leqslant j\leqslant n,0<k\leqslant l\\[2mm]u_{i,0}^k=g_3(x_i,t_k),u_{i,n}^k=g_4(x_i,t_k),0\leqslant i\leqslant m,0<k\leqslant l\end{cases}$$

上述操作将会引入新的虚拟越界点 u_i^{-1}，可以通过解方程的方式得到 u_i^{-1}。

$$u_{i,j}^1=\Delta t\psi(x_i,y_j)+\dfrac{\dfrac{\Delta t^2}{\Delta x^2}(u_{i-1,j}^0+u_{i+1,j}^0)+\dfrac{\Delta t^2}{\Delta y^2}(u_{i,j-1}^0+u_{i,j+1}^0)+f(x_i,y_j,t_k)\Delta t^2}{2}+\left(1-\dfrac{\Delta t^2}{\Delta x^2}-\dfrac{\Delta t^2}{\Delta y^2}\right)u_{i,j}^0$$

整理上式，可以得到迭代式如下所示：

$$\begin{cases}u_{i,j}^{k+1}=\dfrac{\Delta t^2}{\Delta x^2}(u_{i-1,j}^k+u_{i+1,j}^k)+\dfrac{\Delta t^2}{\Delta y^2}(u_{i,j-1}^k+u_{i,j+1}^k)+2\left(1-\dfrac{\Delta t^2}{\Delta x^2}-\dfrac{\Delta t^2}{\Delta y^2}\right)u_{i,j}^k-u_{i,j}^{k-1}\\[2mm]\quad+f(x_i,y_j,t_k),1\leqslant i\leqslant m-1,1\leqslant j\leqslant n-1,1\leqslant k\leqslant l-1\\[2mm]u_{i,j}^0=\varphi(x_i,y_j),0\leqslant i\leqslant m,0\leqslant j\leqslant n\\[2mm]u_{i,j}^1=\Delta t\psi(x_i,y_j)+\dfrac{\dfrac{\Delta t^2}{\Delta x^2}(u_{i-1,j}^0+u_{i+1,j}^0)+\dfrac{\Delta t^2}{\Delta y^2}(u_{i,j-1}^0+u_{i,j+1}^0)+f(x_i,y_j,t_k)\Delta t^2}{2}\\[2mm]\quad+\left(1-\dfrac{\Delta t^2}{\Delta x^2}-\dfrac{\Delta t^2}{\Delta y^2}\right)u_{i,j}^0,1\leqslant i\leqslant m-1,1\leqslant j\leqslant n-1\\[2mm]u_{0,j}^k=g_1(y_j,t_k),u_{m,j}^k=g_2(y_j,t_k),0\leqslant j\leqslant n,0<k\leqslant l\\[2mm]u_{i,0}^k=g_3(x_i,t_k),u_{i,n}^k=g_4(x_i,t_k),0\leqslant i\leqslant m,0<k\leqslant l\end{cases}$$

讨论题：

1. 求解下列波动方程的数值解。

$$\begin{cases} \dfrac{\partial u}{\partial t} + \dfrac{\partial u}{\partial t} = 0, -1 < x < 2, 0 < t \\[2mm] u(x,0) = \varphi x(x) = \begin{cases} 0, -1 \leqslant x < 0 \\ 1, 0 \leqslant x \leqslant 1 \\ 0, 1 < x \leqslant 2 \end{cases} \\[2mm] u(-1,t) = u(2,t), 0 < t \end{cases}$$

2. 分别采用显格式、隐格式求解下列波动方程的数值解。

$$\begin{cases} \dfrac{\partial^2 u}{\partial t^2} = \dfrac{\partial^2 u}{\partial x^2} + \dfrac{2t(1-2x^2-3x^4)}{(1+x^2)^4}, -1 < x < 1, 0 < t \leqslant 2 \\[3mm] u(x,0) = 0, \dfrac{\partial}{\partial t} u(x,0) = \dfrac{1}{1+x^2}, -1 \leqslant x \leqslant 1 \\[3mm] u(-1,t) = u(1,t) = \dfrac{t}{2}, 0 < t \leqslant 2 \end{cases}$$

参考文献

［1］韩中庚.数学建模方法及其应用［M］.北京：高等教育出版社，2017.

［2］华冬英.微分方程的数值解法与程序实现［M］.北京：电子工业出版社，2016.

［3］马知恩.传染病动力学的数学建模与研究［M］.北京：科学出版社，2020.

［4］司守奎，等.数学建模算法及应用［M］.北京：国防工业出版社，2022.

［5］周凯，等.优化数学模型及其软件实现［M］.杭州：浙江大学出版社，2022.

［6］周璐，等.数值方法（MATLAB 版）［M］.北京：电子工业出版社，2017.

［7］全国大学生数学建模竞赛网站［EB/OL］.（2024-02-01）http：//www.mcm.edu.cn.

［8］美国大学生数学建模竞赛网站［EB/OL］.（2024-02-01）http：//www.comap.co.